大展好書 好書大展

大展好書 好書大展

家庭醫學保健

50

Super SEX

秋好憲一/著
莊 麗 玲/譯

前言——更強、更快樂的性方法

・爲何需要絕倫

我在東京的池袋西口開設絕倫本鋪「御立派屋」，已有十三年的歷史。

不論是十幾歲的年輕小伙子或八十好幾的老年人，無論男女，都會光臨敝店。包括陽萎等嚴重的性煩惱，以及希望能享受ESX之樂，得到絕倫經歷的人，都會問我許多問題，而我也會一一答覆，告訴大家能保持健康、年輕，享受性愛之樂的方法。

每週定期都會有人到我的店中。

N先生是八十八歲的老人。

將N先生所提出的問題條列如下：

◆我一個月到愛人那兒二次。直到現在仍能讓對方高興。

◆人家說我是色鬼，我則反問他說：「你能當色鬼嗎？」

◆我因為有性慾，所以至今仍能工作。

◆很多人到我的住處問我，為何如此地有精力、元氣。

◆我覺得無法享受性愛之樂的人生，會非常無趣。

◆我每天都到淺草的公共澡堂泡澡，同年紀的人都說：「就算只是躺下睡覺，也覺得很疲累。」

◆遇到先生之後，徹底地改變了我。我比平常更強壯了不少。

◆百歲不是夢想，希望能一直享受性愛之樂。

◆先生的工作，是給予人希望與夢想的偉大工作。

你也能像N先生一樣，對於自己能永遠保持年輕、元氣、有精力的自信嗎？

該如何獲得這些呢？

其秘訣就在本書中。

・性行爲是好東西

想要舒適、愉快的性行為。

相信不論是誰，都有這樣的想法。相愛的男女互相尋求對方的身體，是自古以來人類的自然表現，但關於性的話題，至今仍視為禁忌。

尤其在我國，如果認真去探討性的話題，連人格都會受到質疑。自古以來，就有一種「寢室內的事，一定要密而不宣，絕對不能和他人談及」的落伍想法，但至今依然有人堅信不疑。

戰後至今已過了五十年，對性的想法也產生極大的改變。尤其這幾年，可說是突然開放了。

翻開雜誌或週刊，關於性方面的報導相當的多，甚至出現許多的裸體照。由於以往受到過度壓抑，因此開放後的反彈也相對提升，不論和任何人都可談論性的話題，性躍登於舞台之上。

在不習慣這種潮流的情況下，就不知該如何處理。例如酒席中，可愛的女性以高潮的聲音為話題，試問有誰能以科學的方式來談論這個問題呢？

但是她卻真的能滔滔不絕的敘述叫床的聲音，性開放到這種地步，真是令人感到懷疑。

——那麼該如何是好呢？

由於事前未作好心理準備，無法立刻回答，可能會滿臉通紅。這樣也無所謂，我想，能夠得意洋洋地敘述好像淒厲哀嚎似的歡喜聲的人，應該不存在吧！為什麼呢？因為談論這種話題，似乎不是愛的表現。

無論任何人，都會高聲地讚美愛，但對於可說是愛的果實的性行為，卻絕口不提。

因此，有勇氣大膽坦白談論性的人，我想應該是不存在的。

而自認為是現代「救世主」的我，寫下本書的最主要目的，就是希望能詳細的和各位討論關於性愛的問題。

‧從神聖的行爲到快樂

男女性器的結合，當然是為了受孕的神聖行為而進行的。

但是，人類與其他動物不同，可藉此行為得到快樂，加入許多遊戲的要素，可稱為是快樂的肥大化，這就是人類與其他動物決定性的不同點。

在追求快樂進化的過程中，也許用雙腳步行是造成性行為的恩惠也說不定。最適合的就是面對面性交。

對於知道面對面性交的人而言，能自然地看見對方的眼睛、表情、語言等，了解對方的心意，而產生一種憐愛的心情。

自由的手懂得如何愛撫，使小小的骨盆敏捷地移動，因此，體位也富於變化。據說大猩猩的體位有五種，而人類則有俗稱四十八手的多種體位。

故人類的性行為不只是「交尾」，而是一種想要對方的心情，也就是發展為「求愛的行為」。可說是人類為了「保存種族」而進行的性行為，演變成為了「愛」而進行的性行為，這種「性愛」的發現，是人類的偉大之處。

雖然性愛含有如此偉大的意義，但卻又令男女感到煩惱，確實是一大諷刺。

•愛與性的煩惱

若亞當和夏娃沒有在蘋果樹下相遇，訴說愛語，則人類便與其他動物相同，不會有愛的煩惱。但是一旦知道以後，即使愛最後會造成許多苦難，依然願意置身其中。

人類為了所愛之人能夠微笑，究竟產生多少煩惱呢——。

對於性愛的煩惱，我認為應該要將性昇華為藝術而加以處理，也許這是一種理想，但是我以為因為有崇高的理念，才能付諸行動。

•將性化爲藝術

要完成一幅畫需要許多技巧，也許能畫幾百、幾千幅畫。讓人感動的也許是畫者的才能，但我認為最重要的，還是每天所累積下來的技術。

如果來探討性的技巧，我以為應將其昇華至藝術的領域。探索古今性技巧，自己研究並為了讓社會大衆了解，我認為這是一個值得挑戰的主題，且亦是具深切意義的做法。

現今的科學技法與精神手法，使我們視性為交悅健康法，但這種說法可能會引起讀者嫌惡，因此我要趕緊修正軌道。

總之，本書能讓男性達到「絕倫之道」的境地，而被暱稱為海狗博士的我，集二十年的經驗，收錄古今中外生態醫學及街頭巷尾所流傳之老婆婆的智囊等民間療法，囊括所有情報而寫下本書，可說是「性的求道與實踐」之書。

目錄

1

為什麼會有性的煩惱？

●必須了解的ＳＥＸ

※為何性的書籍很難閱讀

截至目前爲止，出現了許多處理性的書籍。

不論是哪一種書籍，均以醫學的觀點來探討性，或加以專門的解說。翻開裡面的內容，包括性器的圖解插圖，或一些秘密專門用語的陳列（陰唇、陰蒂、陰囊等），更助長了陰濕與煩人的感覺。

雖已得知應將性提升至較高的格調，但是看一般書籍就好比是閱讀論文一般，總是無法融入其中。爲什麼呢？因爲性器部分的名稱，大都是用一些漢字來表達，尤其是「陰」這個字出現的機會最多。

據說以往在陽光之下不能大方地討論性方面的話題，但也毋須採用「陰」的方式來處理吧！

難道不能以更明亮、更易閱讀、更易懂的方式來表達嗎？我想，應該從這兒開始著手敘述吧！關於性的書籍無法明朗化的一大要因，就存於作者的資質，但我認爲以下二大要素也很重要。

一、作者年紀過大。

二、把性視爲禁忌來寫書。

現在是性開放的時代。在前言中也曾談及，週刊及運動雜誌刊載很多的裸體照，已成爲一般常識。就視覺範圍而言，已經開放到如此的程度，故書籍方面如「性生活的智慧」「完美的婚姻」「HOW TO SEX」只不過是亞軍之流罷了。

我認爲必須大膽地將大、小陰唇改爲大、小陽唇，陰蒂改爲陽蒂，陰囊改爲陽囊。若漢字眞是讓人不忍卒睹，那麼用英文、法文、德文也無妨。

總之，在這方面應該已是新舊交替的時代，該輪到年輕的一代出場了。

我認爲與其注重性的先驅者的意見或學說，倒不如吸收廣泛流傳於民間的口傳，較爲明朗、容易閱讀，因此，本書亦可說是新的「性書」。

※大家進行何種性行為？

本書登場者，大都爲十五歲到婚前的年輕人，但性的煩惱與問題，不分年齡與國籍，故希望大家都能閱讀。

無論古今中外，都有許多人對性感到不安與煩惱，因爲性是超越國家及時代的永遠的主題。

「大家從事何種性行爲？」

任何人都會有這樣的疑問。

事實上，不管從事何種性行爲都無妨，但我們所在意的，卻是他人的性行爲。

「自己的性能力比他人更弱嗎？」

「自己的性器比他人小嗎？」

這些煩惱的男女老幼們的「救世主」，能充分解答各位的煩惱與不安。

首先，就送給因短小而感到煩惱、自卑的年輕人恢復自信的禮物吧！

※自己的陰莖大小

男性大都會在洗澡或上廁所時觀察自己的陰莖，而煩惱「自己的陰莖會不會比別人小呢？」此光景古今皆同。

前些日子，有某個電視節目請風塵女郎演出，她們說來到店中光顧的男性，都會露出自己的陰莖給她們看，很擔心大小的問題。這時她們會如何回答呢？

——啊呀！普通吧！體貼的風塵女郎經常會說這句話，而聽到這句話的男性，臉上也都會露出放心的表情。

故自己陰莖是否爲普通大小，對男性而言是相當重要的問題。

若是普通的話就能安心，若爲更大就會更具信心，如果更小則會產生自卑感。

但這也只是男性任性的想法罷了，女性是否能得到性的滿足，與陰莖的大小沒有任何關係。當然，如果只有火柴棒般大也不好，事實上，女性的性器不會如男性所擔心，對陰莖的大小或形狀有敏銳的感受。

——畢竟女性的性器是深度達九公分的世界。

太大的陰莖，不僅會令女性感到疼痛，而且陰莖根部和陰蒂或小陰唇無法緊密結合，反而造成感度遲鈍。

我這麼寫，也許有些男性會挺身而出來辯解，但事實上，自古以來不論長或粗的陰莖，是十名內的排名只占第八或第九名而已。

第三章會爲各位詳細敘述陰莖的排名，一麩、二雁、三反……顏色則是一黑、二紅、三紫，但鮮少有人得知如此風雅的陰莖排名。

勃起時，世界上排名第一的爲阿位伯人，平均二十三公分，其次是德國人的二十一·五公分。其他的外國人，不論黑人或白人，平均都不到二十公分，而黃色人種平均未滿十五公分。遺憾的是在長度或粗細上，我們比不上白人與黑人。

國人勃起時的長度，平均爲十～十四公分，大的約爲十一～十五公分，平常的長度平均約五～八公分，大的約爲六～九公分。

——總之，國人的陰莖短小。

請各位很有自信的自己測量一下吧！

※對陰莖要更有自信

知道自己的大小與他人相同，就不會感到煩惱。穿著衣服當然無從得知，不過，無論任何人均只有十～十四公分左右而已。

即使不如他人，先前也敘述過只要男性陰莖能在女性性器內伸縮自如，就毋須感到煩惱，重要的問題在於情愛的深度，是否用心及技巧等等。

女性的性器非常慈悲，與年齡無關，因此，老人、中高年齡層或年輕人不要感到煩惱，一定要很有自信地與女性接觸。

如果消除了短小的自悲感，接下來要探討的，就是對人類而言，最重要的究竟是什麼？你認爲是什麼呢？

——金錢。

以現今的潮流來看，當然會這麼認爲，但我卻認爲應該是年輕與健康。金錢確實很方便，能買到任何物品，但卻不能買到年輕與健康。除了自己要注意之外，沒有其他的保護法。

那麼，健康與年輕的泉源是什麼呢？我會立刻回答健康與年輕的泉源在於「食」。「食」就是「飲食生活」能保持健康。

本書的主題性也是同樣的，藉由「食」提升基礎體力，過著對健康最好的性生活，否則性的樂趣將會減半。光靠現今流行的便當或速食品、漢堡，無法培養基礎體力，更不可能戰勝你的女友或妻子。

※不強壯就不是男子漢

男人希望自己不論活到幾歲都很強壯。而現在的中、高年齡層，雖然會對肥胖的妻子發出悲痛的叫聲，但床上的支配權卻歸屬於妻子，不論是對年長者或年輕人而言，皆爲共通的悲嘆。

希望能戰勝女性。希望讓女性成爲如成人錄影帶中順從的奴隸一般，這眞的只是夢想嗎？難道是無法實現的幻想嗎？

到我這兒來商量的年輕人，打算讓女方成為性的奴隸，因此，使用成人的電動按摩棒，反而讓女友產生嫌惡感，或者是在陰莖上塗抹過多媚藥，結果一發不可收拾。這些並不是笑話，確實是年輕人的煩惱。事實上，還有許多煩惱呢！

這時，我會提出以下的忠告。

在你煩惱前，應該要更了解對方，以訂立作戰計畫。

例如，你必須擁有一些常識，知道現代年輕女性究竟對性的想法為何？

——你知道嗎？

可能不知道吧！我告訴你吧！最近的年輕女性對性的感覺是——

①視為一種愛情的表現。

②視為運動感覺。

③為了消除壓力而做。

④視為使自己美麗的條件。

最近的女性雜誌，揭露出如此大膽的調查結果。我能了解那是一種愛情表現，但把它當成運動感覺或使自己漂亮的條件而進行性行為的話，似乎是老一輩的人無法了解的事情。這可算是一種現代式的做法吧！由這些結果加以判斷，可得知女性已脫離以往被動的範疇，自己也能夠主動出擊。

對於女性的這種反叛，若男性不能擁有健康、強韌的身體，就無法抵擋女性的需求。首先，必須改善飲食生活，但世間男性大概都不知道怎麼做吧！

其實很簡單，只要利用以往的家庭料理應付即可。大家可能不知道，事實上日本的家庭料理隱藏著非常好的性能力。例如：羊栖菜、蘿蔔乾、芋頭、豆腐渣等最近家庭中幾乎吃不到的食物，其實都很好。

不喜歡做飯的妻子或女朋友，是否會助你一臂之力呢？

※吃一些強精食品

如果不敢期待妻子或女友做菜給你吃的人，該如何是好呢？

讓我教你吧！若不想讓別人知道而自己努力時，年輕人可利用較便宜的餐廳，中、高年齡層則可利用較高級的餐廳。

若牆壁上掛有菜單，可點山藥、秋葵、蓮藕、海帶芽等，這些黏滑食物皆爲強精食品。此外，含有很多鋅、鐵質、鈣質的牡蠣和肝臟也不要忘記點一道來吃，因它能製造精子，恢復男性的元氣。

做好準備之後，就可虎視眈眈地等待征服女性的日子到來。男人永遠的主題，就是讓自己所喜歡的女性臣服，如此一來，便與「絕倫之道」相去不遠。

以往的絲路，是因運送東方的絲而著名的道路，用另外的意義來說，它亦是尋求「不老不死」或「絕倫」的「祕藥」或「媚藥」之路。

與舉國尋求「不老不死」或「絕倫」媚藥的古人相比，現代人對性的努力過於淡薄，大部分人在未交到男友或女友前，認為根本不須對性做努力。

尤其是年輕的十五歲到結婚前的單身男性更是如此，不注重努力與鍛鍊，認為只要每天接受一些性情報較為輕鬆，自然而然地接受太多興趣本味的性知識，而受到這些知識的愚弄。

這種傾向，以青春期的男性特別顯著，腦中所能想到的全是性行為。

•青春期男子的煩惱，幾乎都是性的煩惱。尤其對於陰莖的煩惱最多，包括短小、包莖、早洩為前三名。

•而青春期女性的煩惱，則是與朋友的關係及容貌。尤其對吃東西和減肥特別在意。

若不了解男女煩惱的差距，則青春期的年輕人戀愛就無法順暢進行，學校所教導的義務性性教育，只不過如遊戲的典型一般。

無論是哪一位老師，均不願意認眞地教導關於性方面的知識，更毋論經驗談。只不過從一些專門書籍中挑出精華來教導，或當成醫學解說書傳授。

以前我所學習的性教育，將妓女記載爲特殊婦人。究竟有何特殊呢？當時並未加以說明。學校性教育皆僅止於此，因此，學生對於性根本不了解。

我想學校這種體質，至今應沒有多大差別。難道現今的年輕人，甚至連勃起的構造都不知道嗎……令我感到擔心，因而想要來探討一下。

※為什麼陰莖會勃起

「男性陰莖的勃起，是由於來自動脈的血液大量流入陰莖中的海綿體所造成的」。

在一些醫學書或性的指導書中，均會有以上的敘述，一般人看了這些敘述，就一定能了解勃起的構造嗎？如果可以的話，那麼這個人一定是性天才。

我認爲應該這樣敘述比較好。

「在稱爲陰莖的陰莖棒內部有海綿體，當接受來自外部的性刺激時，血液會大量充滿海綿體，而變硬的棒的部分會抬起，稱爲勃起」。

這樣可能較容易了解。

《陰莖的構造》

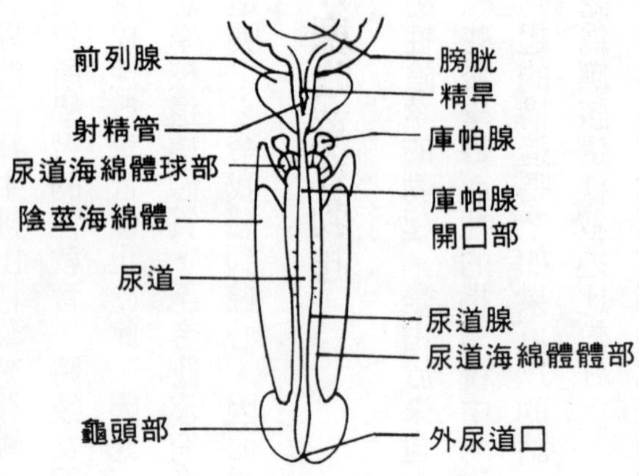
前列腺
膀胱
精阜
射精管
庫帕腺
尿道海綿體球部
庫帕腺
開口部
陰莖海綿體
尿道
尿道腺
尿道海綿體體部
龜頭部
外尿道口

《勃起的構造》

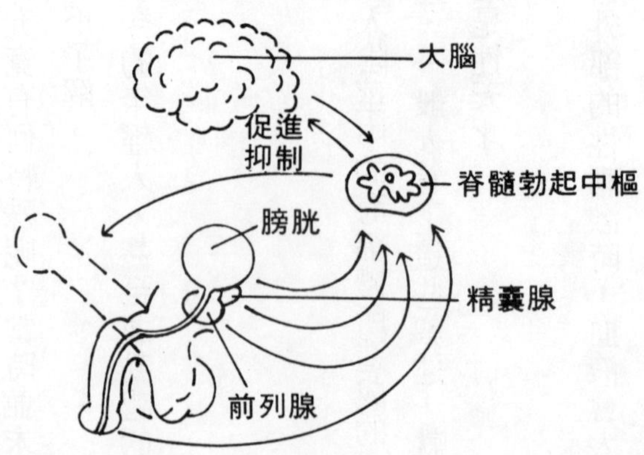
大腦
促進
抑制
脊髓勃起中樞
膀胱
精囊腺
前列腺

《男性的性器》

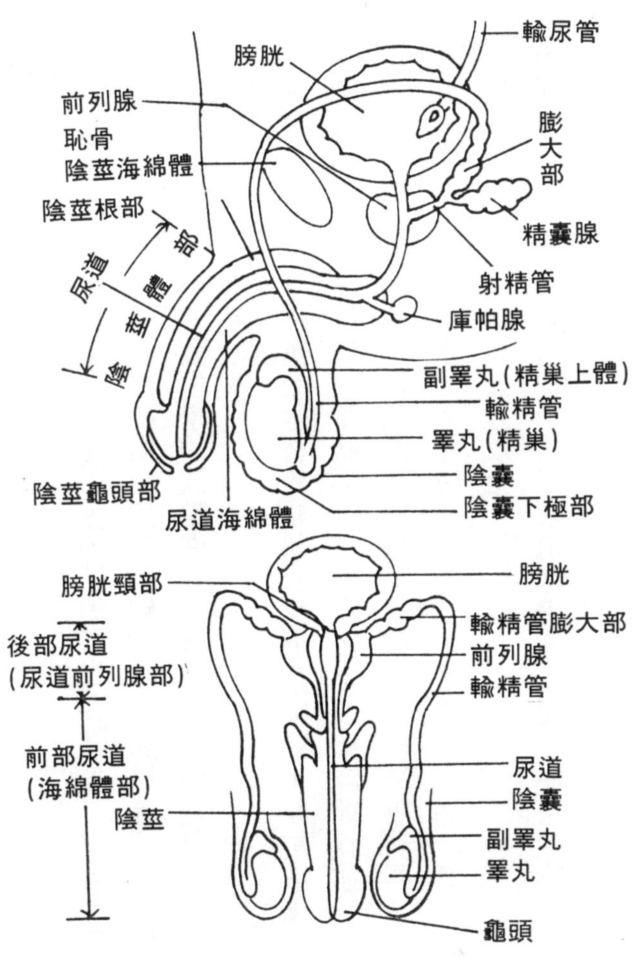
輸尿管
膀胱
前列腺
恥骨
陰莖海綿體
膨大部
陰莖根部
精囊腺
射精管
尿道
陰莖體部
庫帕腺
副睪丸(精巢上體)
輸精管
睪丸(精巢)
陰囊
陰莖龜頭部
陰囊下極部
尿道海綿體
膀胱
膀胱頸部
輸精管膨大部
後部尿道
(尿道前列腺部)
前列腺
輸精管
前部尿道
(海綿體部)
尿道
陰囊
陰莖
副睪丸
睪丸
龜頭

※女性也有陰莖

也許各位覺得這種說法很奇怪，但即使是絕世美女也有陰莖。千萬不要以爲我說謊，在此爲各位說明一下。首先，各位要用手指著圖解插圖，加以確認，將男女性器互相比較，形狀看來完全不同，但就發生學的觀點來看，事實上爲相互對應的，陰囊對應大陰唇、睪丸對應卵巢、陰莖對應陰蒂。

若要加以詳細敘述，那就是陰莖或陰蒂龜頭部分接近黏膜質，非常敏感。女性陰蒂大部分會被包皮覆蓋，形成一種假性包莖狀態（在本章後半段會詳細敘述），而內部則充滿與陰莖相同的海綿體，如果給予性刺激時，包皮就會剝開而陰蒂勃起。

陰蒂龜頭部分通常爲五～六毫米，勃起時會增大三～五成。經過計算，就能得知我國女性勃起時，陰蒂很少會變大爲一公分以上。

機能也不相同。男性陰莖具有將精子送至陰道深處的作用，而女性陰蒂則不具如此明確的機能，只是純粹的性感帶。

既然陰蒂的作用是性感帶，與其好好的保護它，倒不如讓所愛之人的手指與舌頭溫柔地接觸它，體會深入的快感，各位覺得如何呢？

《女性的內性器與外陰部》

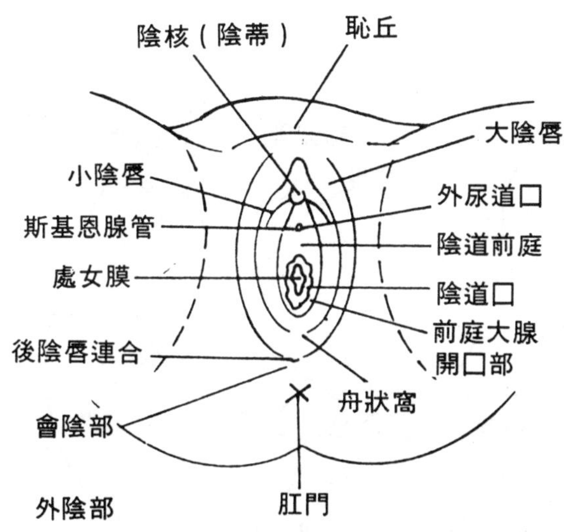
陰核（陰蒂）
恥丘
大陰唇
小陰唇
外尿道口
斯基恩腺管
陰道前庭
處女膜
陰道口
後陰唇連合
前庭大腺
開口部
舟狀窩
會陰部
外陰部
肛門

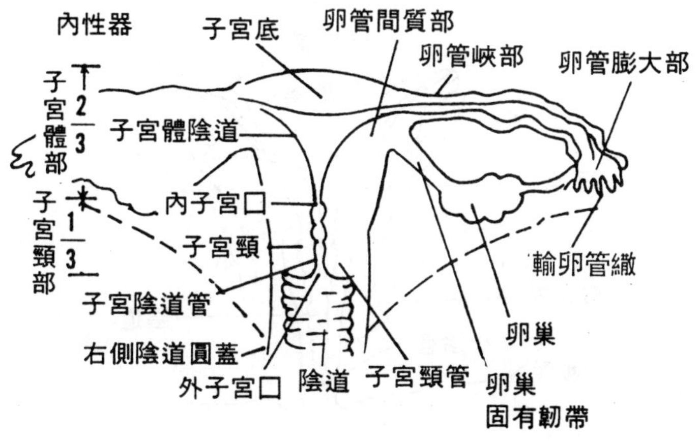
內性器
子宮底
卵管間質部
卵管峽部
卵管膨大部
子宮體部
2/3
子宮體陰道
內子宮口
子宮頸部
1/3
子宮頸
輸卵管繖
子宮陰道管
卵巢
右側陰道圓蓋
外子宮口
陰道
子宮頸管
卵巢
固有韌帶

《女性的性器與骨盆圖》

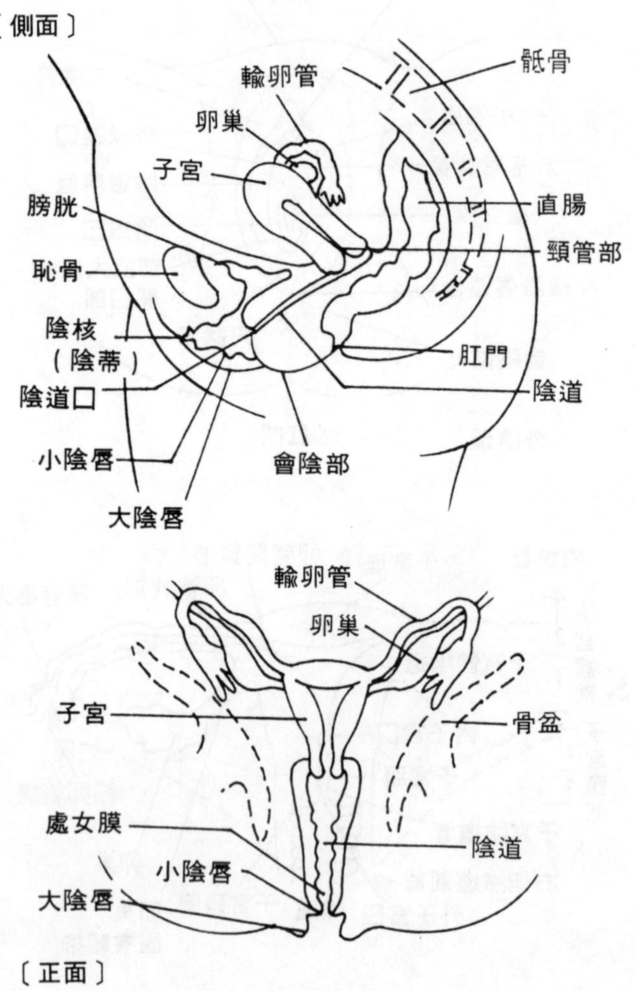
〔側面〕
骶骨
輸卵管
卵巢
子宮
直腸
膀胱
頸管部
恥骨
陰核
（陰蒂）
肛門
陰道口
陰道
小陰唇
會陰部
大陰唇
輸卵管
卵巢
子宮
骨盆
處女膜
陰道
小陰唇
大陰唇
〔正面〕

※男女高潮的時間

男性從勃起到射精爲止，大致爲二分半，而女性到達高潮爲止的時間，爲十五分鐘以上。當然這只是一個標準，也有許多例外。

高潮就是性的絕頂感。相愛的二人，當然希望能一起達到愛的絕頂感（高潮），但即使時間不一致，依然是愛的絕頂感。

——那麼，該怎麼做才能一致呢？

一般而言，女性隨著經驗（次數）的增加而能達到高潮，男性藉著體驗（次數），也能學會配合女性高潮的技巧。

但男性的二分半與女性的十五分鐘以上，差距實在很大。故男性必須研究一些技巧。技巧看來困難，說起來非常簡單。

一、增加持續力。

二、不要性急地合體。

三、合體前要盡量愛撫。

雖說是技巧，但在技術上只要記住以上三點即可。

總之，爲了讓女性達到高潮，一定要充分進行前戲，在女性達到高潮前進行合體，如此一來，男女在插入的同時都能達到高潮。

那麼要把握適當時機插入，究竟需要多少時間呢？現代的年輕人，皆會對於行爲的持續時間感到擔心。自己到底太快或太慢，還是合乎標準呢——？

※令人擔心的性交時間

如果大家都是平等的，當然沒有煩惱，但就如人類具有智慧與體力的差別般，在性方面也有差距。

——有的人強，有的人弱。

在此，我想大聲疾呼「國人的性交時間爲二～十五分鐘，這一點一定要記住」。

爲什麼呢？因爲一些稱爲持久的人，在陰莖插入後會到達十四、五分鐘的世界，只要努力，任何人都能辦到。當然，這並不包括前戲的時間在內，從插入到射精爲止的時間，一般國人均無法持續一小時或二小時，這一點各位必須了解。

外國人在插入後，最多三分鐘（平均值）就結束了。但其前戲時間較長，且技巧高明，有些女性甚至在陰莖插入前就能達到高潮。

因早洩而煩惱的年輕人，請參考外國人前戲的技巧，多多學習吧！

國人性交所需時間平均爲五～六分鐘。若認爲不可能的人，請參看你最喜歡的統計數字。國人性交持續時間——

①五～十分鐘（31％左右）
②三～五分鐘（26％左右）
③十～二十分鐘（21％左右）
④一～三分鐘（16％左右）
⑤其他（6％左右）

覺得如何？你已經了解嗎？看過統計數字後，就可得知認爲自己是性豪而驕傲的人，也只不過占少數罷了，故一般人毋須擔心這個問題。

總之，要以五分鐘爲目標，多加努力，就可達到普通的水準。尤其符合第④項一～三分鐘的「早洩」者，我認爲需要更加努力。

※勃起的持續時間有多久？

看似精力絕倫的外國人性交時間，平均大約爲三分鐘左右。但外國人在性交前會利用前戲（愛撫）使女性興奮。若能培養這種外國人的技巧，和你所愛的女性進行性交時，就好像吃一碗泡麵一樣，三分鐘即可完成。

在此，還是必須了解一下自己陰莖的性能。

首先，來敘述一下在勃起狀態下時，男性究竟能持續多久的勃起時間。

據我所知，十五歲～二十五歲的男性，平均為一小時左右。若不射精，持續給予性刺激時，甚至能維持六～七小時的勃起狀態。

但勃起的持續時間與年齡成反比，會隨著年齡的增長而縮短，到七十歲時，大約只有十五分鐘。因此，即使到七十歲仍能持續勃起，若是沒有超過十五分鐘的性交（插入）時間，對身體而言是最好的。

當然，這個說法不包括前戲、後戲的時間在內，故自己能下工夫，想出一些創意，以享受性愛之樂。

※抽動運動的次數

調查男性一生當中究竟使用腰的程度至何種地步，是現今最流行的某位妓女作家所做的調查。

根據她的說法，男性性交時使用腰的次數，平均為二十七次。如果乘以一生中進行性交的次數，大約為八萬次至十萬次，八萬次到十萬次具二萬次的差距，理由就在於一週進行幾次性行為。

所以年輕人啊！現在就要開始鍛鍊足腰了。

但這個次數只不過是外國的例子，那麼，國內又如何呢？一次性交只使用腰部二十七次，未免太少了吧！在此為各位敘述一下江戶城大奧的秘法。

①把女性的身體視為時鐘。

②在視為時鐘的女性的身體上，想像一～十二點為止的文字盤。

③在女性身體上想像時鐘的文字盤之後，

在一點的角度進行一次的抽動運動，兩點的角度進行二次，三點的角度進行三次，一直增加次數至十二點的角度爲止。

④總計可進行七十八次的抽動運動。

這個方法記載於荷蘭醫師西波爾特所著『江戶城大奧見聞記』中。

對外國人而言爲二十七次，但國人卻是七十八次，當然在一生所使用腰的次數上，產生極大的差距。而先前也敘述過，這個差距是重視前戲的外國人與重視抽動運動的國人技巧上的差距。

自己是不是短小呢？是否比他人更弱呢？是否早洩呢？有這種煩惱的你，必須對自己的陰莖與所有的陰莖深具信心。

——知識得滿分。

不管女性怎麼講，你都要說「我是我，我才不弱呢！」

有一位明治時代的老人到我這兒來說，以前的女性根本沒有所謂的快感，只是進行抽動運動，而女性亦如斯，當男性辦完事後，女性也結束了。是以男性本位的性行爲爲主。

因此，若女性發出恍惚之聲，就會被視爲淫亂或淫婦而受人輕蔑，故女性口中必須含著紙或衣袖，不能發出半點聲音。

直到現在，當在大廈或公寓的房間裡做愛時，害怕隔壁的人聽到，而在無意識中壓住女性的口或讓女性咬毛巾，其理由就在於此。

此外，相信對於自己所愛的女性灌注精液，就是眞正的愛情表現，而未進行前戲等行爲。

把明治時代踢得遠遠的吧！相信很多人都害怕這種時代的到來。

※早洩才是正統

即使女性說你早洩，你也絕對不要慌張，認爲這是可恥的事。以歷史的觀點來看，早洩是正當的行爲。

這絕非說你是體弱的男性，其理由可從其他動物身上印證。他們爲了保護自己，必須趕緊辦完事。人類原來即是如此，在不知何時會受到野獸攻擊的原始時代，不如今日可悠閒地享受性愛之樂，否則有幾條命都不夠用。

人類原本就要趕緊射精、趕緊完成性交，才是最好的作法。因此，即使是假性包莖亦視爲正常，會露出龜頭的只有人類而已。

精子爲了與卵子結合，在女性的陰道內射出，因此龜頭必須非常敏感，否則拖得太久，失敗的可能性亦相對提高。若只以生殖的觀念來探討性，那麼早洩當然是正常的。龜頭完全爲包皮所覆蓋，就是爲了在尙未勃起、插入女性的陰道前，能保持其新鮮的感度。

若經常露出，龜頭就會對刺激變得遲鈍，即使在女性的陰道裡進行抽動運動，也很難射精，當然，就很可能受到野獸的攻擊。

當人類住在家中之後，才可在性交上花較多時間。因爲在家裡可防止外敵的侵入，安心進行性交，故人類才學會了延遲射精，享受更舒服的性交之樂，但同時亦擁有早洩的煩惱。所以現在被貼上早洩標籤的人，不算早洩；事實上，可說其非常敏感。

有鑑於此，我提出「秋好式．防止早洩十條」，希望大家偸偸地看一下，以免因早洩而被女性厭惡。

※知道就有好處的防止早洩十條

①手掌冷卻法

枕邊準備好冰涼的手帕或一罐冰可樂。在開始性交（因爲會早洩）之後，若立刻就會射精的話，可先用這些東西使手掌冷卻。

射精神經會瞬間麻痺，因此能持久。

②喝加鹽的咖啡（立刻防止早洩法）

在每日飲用的咖啡中加入少量的鹽，即可防止早洩。可在進行性交一小時前喝，會立刻出現效果。

但每天喝並不好，因其會成爲腎臟毛病的原因。

③二度射精法

先射精一次，再在第二次一決勝負吧！通常男性第二次比第一次更能持久。

④利用牙刷法

這是遠洋漁船上的漁夫們，經過長時間回到陸地上時的鍛鍊方法。

使用舊牙刷，一天仔細刷龜頭部十～二十分鐘，當然可強化陰莖。

⑤拉下睪丸法

在進行性行爲中快要射精時，用手將陰囊用力往下拉，即可使副交感神經（射精神經）暫時麻痺，而能持久。

⑥套橡皮筋法

建議假性包莖的人使用。因爲龜頭平常都被包皮保護而過於敏感，故容易早洩，所以平常就必須將皮翻開，用橡皮筋固定，利用內褲的摩擦強化龜頭表面。

⑦敲打龜頭鍛鍊法

用可樂或啤酒輕輕敲打陰莖前端的方法。這是非洲原住民所進行的方法，藉由敲打可增厚龜頭的皮膚，使其變得鈍感而能持久。

⑧手淫中斷特訓法

在即將射精前，停止手或手指的動作。在一次手淫中，反覆進行五～六次。

若持續十天即可持久。如果讓你所愛的伴侶用手指爲你進行，效果將更爲顯著。

⑨分散注意力法

在進行中快要射精時分散注意力。

這個方法對強度早洩者無效，但對輕度的人有效。

⑩塗抹劑麻痺法

在性行爲二十～三十分鐘前，將塗抹劑塗抹於陰莖的龜頭、龜頭溝、龜頭環狀及內側，可使龜頭麻痺，防止早洩。

※朝左彎曲的陰莖

就發生學的觀點來看，男性的性器是左右分別製造出來，而在身體的中央合成一條陰莖。因此並非左右完全對稱，有六～七成的人朝左彎曲。

少數朝右彎曲者，會因此感到擔心。但其實根本毋須擔心，機能相同，只要能進行性行爲，不管陰莖朝右或左彎，皆屬正常。

大部分男性的煩惱，則是包莖的問題。

包莖是年輕人的三大煩惱（短小、早洩、包莖）之一。重要性僅次於生命的陰莖前端的龜頭被包皮覆蓋住，無法好好進行性行爲的狀態。

面對喜歡的戀人，沒有比這個更令人感到悲哀的事了。如此一來，就無法讓戀人成爲性愛的奴隸。

利用簡單的手術，即能將包莖完全治癒，故毋須擔心。但有些並不需要動手術，首先就來了解一下包莖的種類。

※你的包莖屬於何種型態？

①眞性包莖

這是包皮完全包住龜頭的狀態。即使陰莖勃起，包皮也不會翻轉、露出龜頭，因而產生劇痛，無法性交。只要利用簡單的手術就能治療。一定要動手術。

②絞窄包莖

龜頭可以露出，但由於包皮的緊度過緊，因此露出頭的龜頭，就好像脖子被勒住的狀態。

因劇痛而無法進行性行爲。當然，絞窄的程度因人而異，各有不同，有的人很緊，有些人則很鬆。

最好和醫師商量，若需要動手術就不要推拖，否則便無法享受性愛之樂。

③假性包莖

國人三人中就有一人爲假性包莖。

平常龜頭被包皮蓋住，但勃起時包皮就會剝開，露出龜頭。

不會感覺疼痛，可進行性行爲，亦毋須動手術。

青春期年輕人的三大煩惱之一的包莖，最好在煩惱前先去看醫師。

六十％的國人屬於三種包莖中的任何一種，所以這絕非是你個人的煩惱，但有人會因此而產生自卑感，過著扭曲的人生。

如果是需要動手術的包莖，就動手術吧！

※海狗博士的煩惱諮詢

問題（Q）

若將包莖放任不管，會對身體造成不良影響嗎？

答（A）

肉體上的影響，是包皮之間有恥垢等白色污垢積存，放任不管就會引起濕疣與包皮炎，甚至引發陰莖癌，必須注意。

不知是誰將其命名爲恥垢，積存在陰莖的垢，就眞的是可恥的垢嗎……

因此，年輕人當然就不願和醫師商量，只爲不讓醫師看到可恥的垢。既然是可恥的垢，當然不願給人看見，這也是男人的正常心理。

※手淫必要論

如果恥垢是可恥的垢，那麼安慰自己就是自慰，也就是手淫。自慰聽起來讓人有種寂寞之感，但這句話在西方源於舊約聖經，很令人驚訝吧！

手淫這個字眼，是在舊約聖經中登場的一位名爲奧南的人，和嫂嫂進行性行爲，而對哥哥產生一種罪惡的意識，因此將精液射在外面以避免懷孕，後來一位瑞士醫師提索因這個傳說，而創造出這個字來。

根據故事的內容，可發現與其說是手淫，倒不如說是體外射精。但這個說法漸漸地產生變化，演變成利用手或器具自己處理性慾的方法。

因我國認爲這是一種安慰自己的表現，稱之爲「自慰」，或褻瀆自己的表現，稱爲「自瀆」，讓人覺得很難聽。可是我認爲不需對手淫產生罪惡感。

現今這個時代，已毋須討論手淫是好或壞了。想做就做，不想做就不要做，完全由你自己來判斷。

爲了身體著想，與其讓老舊的精子積存，還不如射出來，促進新陳代謝，這是理所當然的做法，也是經由科學實證的事實。

不論男或女，會在何時想要手淫呢？

通常男性是在產生性慾時手淫，但女性則不只如此。

到我這兒的年輕女性，當我提出這個問題時，最初都會很生氣，但經我說明是爲了完成本書時，她們才開口幫助我。根據她們的說法，女性想手淫的情形如下：

①想進行性行爲時。

②連續好幾天看不到愛人時。

③看到色情電影或書籍時。

④睡不著時。

⑤生理期前後。

⑥對性感覺不滿時。

經過仔細分析，只是因產生性慾而進行手淫的男性的回答，十分理所當然。除了生理期前後外，男女的理由似乎都相同。

根據統計，青春期男性百分之百都有手淫的經驗，而女性則占百分之八十左右。

男、女在結婚前都會進行手淫，即使結婚後，依然有許多人進行手淫。

最近似乎認爲手淫是一種「禮貌」，以時髦的感覺享受手淫之樂，甚至中、高年齡層者亦佯裝不知地鼓勵。

一旦嘗過這種神秘的滋味，即使到了六十、七十歲亦無法停止。

我在青春期（東京奧運會前後）時，由於以往習得的知識，認爲手淫對精神和肉體都不好，因此不會這麼做，這似乎已經是落伍的想法了。

※對手淫的不安與罪惡感

身爲理學博士，將手淫比喻爲打小鋼珠，也許會讓大家產生抵抗感，但是既然我的別名是海狗博士，當然能討論這個問題。

因爲要簡單、明瞭地說明手淫的習慣性，賭博將是最好的例子。

不管是任何人，只要打小鋼珠輸了，走出店門口時，都會想：「絕對不要再打小鋼珠了。」但到了第二天，又會再次走向小鋼珠店。

——手淫也是同樣的情形。

射精時，一定會產生一種罪惡感。

「不可以了，我不可以這麼做。」

但到了第二天時，卻又開始進行手淫。

年輕時會對自己這種行爲，產生一股強烈的自我嫌惡感，可能會受傷，但在長大成人後回顧往昔，會發現那是非常快樂的年輕的日子。所留下的罪惡感，只是甚至會付錢到特種營業場所請人爲你手淫（包括眞正的性行爲在內），年輕人因爲手淫而煩惱，的確非常可愛。

成熟的大人則不會煩惱。即使眞的有煩惱，也只不過是今天到特種營業場所光顧時，覺得價格太高了、女人太糟糕了等等，早已不再有如青春期般的性煩惱。

但必須注意的，就是得適可而止。若已培養高度的技巧，恐怕會認爲手淫比性行爲更有樂趣。

最近，有人提出一口、二手、三大腿、四乳房、五陰道等。也就是說，手僅次於口，爲第二個讓人感覺最舒服的，但還是要注意不能過度。

※海狗博士的煩惱諮詢

問題（Q）

我是十七歲的高中生，聽朋友說手淫過度會導致神經衰弱，讓我很擔心。

答（A）

手淫能刺激腦，提高性能力，因此沒有問題。

問題（Q）

我是二十歲的ＯＬ，聽說手淫過度會導致性器變形或變色，這是怎麼一回事呢？

答（A）

的確經常聽人這麼說。手淫是玩弄性器，故當然有可能出現這種情形，但毋須擔心。經由手淫，反而能讓妳找到迎向高潮的體位或姿勢。

※避孕的意義與避孕法

一對年輕、快樂的伴侶進行性行爲，但卻遇上懷孕這個殘酷的事實，接下來要面對的，就是生產或墮胎的決擇，確實非常悲慘。因此，避孕對於年輕伴侶的性行爲是不可或缺的。

巧妙地進行避孕，便能享受美好的性愛之樂，所以現在的年輕人必須培養避孕的知識。我覺得這是很好的事。好好地避孕以享受性愛之樂，已成爲現代人的常識。

到我這兒來的年輕伴侶，我都會問他們避孕的理由何在，請他們加以協助，回答如下：

①還沒想到結婚的問題。

②不想被婚姻束縛。

③還不想生孩子。

④因工作的關係，不適合懷孕。

現今的年輕人，已開始了不希望懷孕，只想享受性愛之樂的有節制的性行爲。

那麼避孕方法有哪些呢？代表如下：

①利用保險套。

②利用體外射精。

③利用避孕丸。

④利用基礎體溫法。

⑤利用荻野式避孕法。

相信有過性經驗者，都聽過這些方法吧！

特別設立這個項目，稍微詳細爲各位說明一下。

※利用保險套的避孕法

最近的女高中生都會隨身攜帶保險套。保險套的使用方法簡單，避孕效果很高，現已成爲最普及的避孕方法。

堪稱避孕代名詞的保險套，近年來已不只能避孕，而且還可預防因性行爲爲媒介而感染的愛滋病或肝炎等感染症，因此備受女性歡迎。

所以現在的保險套，已不只是男性，而是伴侶的必需品了。

爲了提高氣氛，而想出由女性爲男性戴保險套的方法。但有時若弄不好，可能會導致破洞，必須多加注意。

可是，一旦男友希望你以口爲他配戴保險套，也許妳便會懷疑他是否曾光顧特種營業場所。故雙方皆得注意。

※體外射精的避孕法

體外射精就是在男性達到高潮的瞬間，從女性的陰道中抽出陰莖，在體外射精的方法。

這個方法的困難之處，就是插入陰道中的陰莖很難自制，無法瞬間確實掌握精子是否在女性陰道外射出。而射精之前，精子也可能隨其他分泌物漏至陰道內，因此，必須注意。

※避孕丸避孕法

避孕丸的正式名稱為口服避孕藥，其效果達到百分之百，若沒有副作用的話，可說是現在最理想的避孕藥。

副作用包括食慾不振、頭重、乳房發脹等，此外，有些人會有噁心的感覺，若持續服用，症狀便會逐漸消失，也許數月之後就沒有症狀了。但有時會引起肝障礙或血栓症，長期服用時，一年一次要接受幾次醫師的檢查。

※利用基礎體溫的避孕法

女性的身體眞是不可思議，因其具體溫的變化。也就是說，從生理期（月經）前開始到下一個生理期為止的生理周期的一半時，體溫會暫時下降，等到排卵時則突然升高。

這個體溫的驟變，能明白地表示排卵期，因此，每天測量體溫的經過，記錄在基礎體溫表上，是得知女性生理的珍貴資料。

利用基礎體溫表來避孕，是因能確實得知體溫從低溫變成高溫的日子，也就是說，是得知排卵日最確實的方法。

若要詳細說明，那就是女性體溫會隨排卵而急速上升，在持續十二～十四天後，下一次的生理期便展開。

這是所有女性都會出現的現象，體溫突然開始上升的最初三天是危險期，而第四天到下一次生理期前爲止是安全期。

基礎體溫要在早上剛醒過來時，躺在床上，立刻將婦人體溫計含在口中測量。生理不順的人，用此法即可得知安全期，雖然有點麻煩，但卻是值得推薦的避孕方法。

※利用荻野式避孕法

荻野式避孕法的基礎，就是以「排卵期出現在預定生理期（月經）前第十二～十六天」的學說來進行避孕。

也就是說，從預定生理期（月經日）逆算得知危險期的方法，若週期不順，無法進行正確計算，便會產生紊亂。因而如欲採用此法，必須經過半年至一年，調查出正確的生理週期。

如果最短週期與最長週期明確的話，即可按照以下公式來計算。

•最短週期－（減）20＝危險期的開始。

•最長週期－（減）10＝危險期的結束。

例如二十八日週期者，調查結果爲二十六日或三十一日。若以荻野式的計算來進行的話——

•26－（減）20＝6

•31－（減）10＝21

也就是說，生理期開始後第六天到第二十一天爲止是危險期，第二十二天以後則是安全期。

最短週期當然也包括最長週期在內，知道危險期後，就必須事先做好防備工作。但進入新婚生活後，生理週期也會改變，因此，不可使用婚前的記錄。

必須重新調查新的生理週期。

若生理非常地不規則、紊亂的話，就不可以使用這種方法。

爲什麼呢？因爲荻野式並非用來避孕，而是爲了受孕可能期所想出的方法。從需要避孕的期間反過來想的話，就是可能受孕的時期。

※最後的忠告

這是關於國人對於口交喜好的報告。經由調查結果，令人驚訝地發現最近年輕男性進行性行爲時，大都處於被動，要求女性做一些動作。

究竟是做哪些動作呢？其前五名如下：

①進行口交。

②發出叫床聲。

③做出手淫的動作讓男性看。

④讓男性進行臉部射精。

⑤穿上性感的內衣褲。

的確都是我們所能理解的行爲。而女性若都能配合男性的要求，確實可算是非常快樂的性行爲。

但其中的問題，就是占第一位的口交。

因爲看了一些色情錄影帶，故年輕人之間很流行這種行爲，不過這與年齡無關，只要是男人都喜歡。

但大家最好不要常有這種行爲。爲什麼呢？因爲國人的陰莖相當敏感，光是口交就可能會射精。

當然，在這種狀態下和自己喜愛的女性性交，會趕不上女性激烈的腰部動作，結果自己一人草草了事，便會受到女性的輕視。

所有的年輕人在女性爲他進行口交時無法忍耐，結果射精到女性的口中，而受女性嫌棄。故一旦養成這種習慣，可能就會像吸毒一樣上癮，因此必須注意。

2

從性的基本到應用的秘訣

●必須了解的SEX

※新婚期的性

結婚後，在新婚期的性，與以往是戀人時不安的性不同，能放心大膽地加深雙方的愛意。

從對懷孕的不安中解放出來，性行爲愈形大膽的二人，可能會處於一個無節制的時期。如果把進行性行爲的日子記在日記上，也許一週或一個月內，均以性行爲爲主。這是理所當然的事。若在新婚期卻無法享受性愛之樂，恐怕這對新伴侶的未來令人擔心。但即使是深愛結合的新婚伴侶，依然有性的煩惱或問題。

最近到我這兒來商量的個案，大都是在即將結婚時，其性格與性行爲都改變了。

在蜜月旅行時過度狂放的性行爲，使得男性在回來後仍無法定下心來。

新婚女性發現自己的丈夫出現比戀人時更熱情的表現，也許會心花怒放，但經過一陣子之後，丈夫還是有這種表現時，反而會令女性亂了方寸。

女性當然希望男性能激情的對待，但對於突然改變成如虎狼般激情的男性，反而會害怕起來，因此，男性要適可而止，畢竟人生之路還很長。

近來婚前性行爲被視爲理所當然之事，因而婚後的性生活已變成一成不變的例子並不少，大都是在婚前已擁有太多性生活者。

無法找到新的變化而覺得無趣，雙方都希望要求心靈的契合，穿著性感睡衣以製造氣氛，不斷地扭動身體，表現出嬌媚的姿態。或是如電影畫面般的，突然掌握性行爲的主導權，騎在丈夫的身上，非常奔放。

穿著新娘禮服，向神發誓要互愛的她，難道已成爲幻影了嗎——

男性對新娘的驟變感到非常驚慌，開始擔心自己爲何慌慌張張地娶了這樣的女人爲妻呢？

結果，晚上便背對妻子而睡，期待妻子回娘家。悲喜交集地希望妻子回娘家，眞的變成一個懦弱的男子，這可說是現代的悲劇。

事實上，這種煩惱眞是非常可愛，在蜜月旅行中表面化之性的不協調非常嚴重。然而在剛結婚時，男性就表現出戀母情結或ＳＭ興趣等怪癖，會令新婚妻子深受打擊，成爲早期離婚的元凶。

性的不協調，在新婚時代便已出現隱憂，不要焦躁，要多花點時間來解決。甚至有較極端的例子「成田離婚」，也就是在蜜月旅行結束後便離婚。

——爲什麼會演變到這種地步呢？

我認爲這是因爲對於性沒有認眞考慮、討論所致。關於性方面，只是自己偷偷地談論，或基於興趣本位，只想找尋歪斜的性情緒，受到大衆傳播媒體的渲染，而造成這種結果。

※性行為需要執照嗎？

沒有駕照就不能開車。開餐廳沒有烹調師執照，或開會計師事務所卻沒有會計師的執照，都是不允許的，連老師也需要教師的執照。

但我們最喜歡的性行爲，則不需要執照。沒有執照也可以騎在女性的身體上（現在似乎是相反的情形）。

總之，性行爲不需任何人教導，是人類的本能。這似乎是理所當然的事情，因而成爲一種習慣。

能輕易進行的性行爲，究竟是好是壞，由大家來加以判斷。事實上，古老時代甚至有爲了結婚，而必須到學習所上課的風俗習慣。教導的項目如下：

- 學習新婚妻子應有的禮儀。
- 從婚姻的成立到男方將妻子娶回家爲止的一切風俗習慣都要會。妻子回到娘家，接下來一段期間持續丈夫去看妻子的形式。

待這些儀式結束後，由母親或婆婆那兒得到性的合格執照的新娘，拿著新娘的心理準備書與枕繪等，走向婚姻之路。

而新郎方面，則要藉由貝原益軒的『養生訓』等，學習不會早洩的性知識。

現在到一些鄉下地方，還是能看到這些風俗習慣。但是因爲缺少新娘而煩惱的農村，大都從泰國或菲律賓娶新娘回去，因此，這些古老的習俗已不受注意，甚至連這些說法亦成爲死語而銷聲匿跡了。

如果在新婚期能學會性知識，就比如得到執照一般，能一生享受性愛之樂。

這時必須注意的，就是不要被街頭巷尾氾濫的興趣本味的性情報所迷惑。

※性遊戲不是禁忌

性行爲就好像賭博一樣，看似簡單，事實上都非常麻煩。我先前曾將手淫比喻爲打小鋼珠，雖然不需別人教導就會，但卻會造成問題。

和賭博一樣，必須事先研究，每個人都擁有自己的必勝法。

性行爲則需要雙方配合，才能更爲深入，將對二個人而言不可能的事情完全消除。

在熱情的風暴中，相愛的兩人身體緊緊依偎在一起，雙方製造無可取代的性遊戲。燃燒著愛意的女性，整個身體充滿了性感帶，好像樂器般地產生共鳴，達到一個神聖的忘我境界，終於發現對二人而言的新性愛體位及秘戲。

大致的情形就如先前所述，事實上，在新婚時代尙無法達到這種境界。性需要年期，在新婚時代，自有新婚時代享受性的方法。

※可愛的男性

新婚時期，是男性經濟最貧乏的時期。愛妻會親手爲他做便當，事實上，這是爲了節省零用錢而採取的苦肉計，任何人都喜歡菜色豐富的便當，誰願意躲在工廠或辦公室的一角吃著不豐盛的便當呢？

走筆至止，我突然想到，這個部分讓人想起遙遠的新婚時代。

自己的薪水歸妻子管理，因此總覺得錢不夠用，若想向妻子多借一些零用錢時，就必須靠自己旺盛的精力來支付。在新婚時代，也許妻子也會答應。

男人眞是很奇怪的動物，事實上，靠這種方法得到零用錢，結果也是用來使妻兒高興，眞是可愛的男性。

也曾聽過這樣的傳說。

男人結婚後，就不能再去風月場所，結果在家中玩一些風月場所的遊戲，妻子卻向他收取費用，每個月所拿到的零用錢全都還給妻子了。事實上，妻子在遊戲時得到的費用，是拿去付房屋的頭期款。

性行爲沒有什麼規則，只要覺得快樂就好。對相愛的兩人而言，性交的姿勢再如何滑稽，只要雙方獲得喜悅，就是一幅美麗的圖畫。

※性行為所消耗的熱量

畢卡索、馬蒂斯、歌麿、北齋等人均畫過男女交歡的春宮圖，那個強烈的世界瞬間消耗掉的熱量爲七十大卡。而七十大卡也就是一次性行爲所使用的熱量。

當然，正確的數字因人而異，也有人說是六十～七十大卡，若以日常生活所消耗的熱量來替換，結果如下：

- 簡單的手腳體操約進行十五分鐘。
- 游泳進行三十～四十秒。
- 慢跑進行四、五分鐘。

・快步散步進行二十分鐘。

運動量為多或少，請各位自行判斷。

我想說的就是這七十大卡的小宇宙，卻囊括了人生的悲喜劇，決定二人的一生。

※如何處理性的不協調

離婚的原因有很多，其中，最為常見的，就是性格的不協調所造成的。而我認為應該性格的「格」字，亦即是性的不協調所造成。

在這個世界上，不可能存在著性完全相同的男性或女性，即使對於對方有體貼、慈愛之心，但是性格的不協調卻會形成問題。分手的伴侶，應該就是欠缺這一方面的努力。應該要以更溫柔、更寬大的心情，在性方面互助合作才對。對方應該要去探討什麼是好的性，什麼是美好的性的喜悅。

與其背對背度過一夜，還不如面對面地迎向早晨……。

要分辨雙方的特質，互相了解的需要。性行為也是一種溝通的手段，要利用身體與身體傳達雙方的慾望。一旦起步錯誤，性或性格的軌道都很難加以修正。所以在新婚時期，需要特別的注意。

※強女弱男的話

最近的傾向是，男性失去童貞，通常是同年紀已經有過性經驗的孩子，領導他們進行性行爲，因此，性行爲的主導權掌握在女性上，成爲女性能夠隨心所欲，而男性隸屬於女性的逆轉現象。

在第一次的性經驗，被強力女性領導，當然有損男性的尊嚴。懦弱男性感到非常煩惱，認爲必須要改善這種狀況。如果得不到改善，則婚後長久的人生就會感到很無趣。

——現在是人生九十年的時代。

有用的東西也變得無用。男人的性變得非常纖細、脆弱。可是很少女性能夠了解到這一點。妳試著穿著薄如細絲的內褲站在男性的面前，男性的陰莖立刻會勃起，它會淌著淚水準備射精。一旦興奮過度時，立刻就會射精而結束一切。因此，女性不要表現得過於溫柔。

但是表現懦弱的立場必須要逆轉才行。男性需要靠自己的力量建立更強大的性能力。因此，要主動研究性，面對女性的挑戰。

男性性的修行，基本上就是要有效地分配抑制與緊張，而且要持續保持。所以要經常吐氣、止息，尋找適合自己的呼吸法。

相反的，女性的呼吸與情緒容易紊亂，以前認爲越紊亂表示性越成功。根據我的經驗，也的確如此，因此，女性性的修業，就是要以自然的心態埋首於性中。

男女的性有如此大的差距。

以下的項目，是以實踐的方式來探討男女的性差距。

※該如何處理女性

如性原本被視爲是保守的防衛本能體，那麼，其在性的表現上又是如何呢？

即使兩人結婚了，但是男性卻不懂得如何對待女性（這時指妻子）。由於女性一直被要求要對男性溫柔，因此在進行性行爲時，也必須要壓抑自己的激情，只能夠撒嬌表現溫柔的一面。

這並不是演技，而是一種本能。在女性的腦海中，希望能夠溫柔地愛著對方，但是，男性不可以因此而焦躁，一定要讓女性感到喜悅才行。

根據我的調查。關於前戲方面，女性的要求如下：

①不喜歡時間太短。

②不歡太粗暴。
③不喜歡時間太長。
④不喜歡對方做自己不喜歡的動作。
⑤希望對方配合自己的步調。

女性就是以這種心情接受前戲的，但是仔細想想，這也表現出對於男性性技巧的不滿，所以男性需要認眞地研究性技巧。

※關於愛撫

前面敍述了前戲的知識，其次是實踐的問題。在進行性行爲時，不論男女，到底對於包括前戲在內的愛撫要進攻何處較妥呢？我們來看一下調查結果。

①性器。
②乳頭。
③乳房。
④唇。
⑤腋下。

以上五個部位排名前五名，女性的身體全都是性感帶，此外，也包括大腿、腹部、臀部、眼睛、頭髮等，追求各式各樣的愛撫。

這和在年輕人的性的部分所敘述的男性所想要的，眞是有天壤之別。男性只要求女性關心他的陰莖，而女性則以氣氛爲第一考量，但另一方面，又可能要求男性爲她進行口交。到底何者爲眞，令男性感到迷惘。

據統計資料顯示，學歷越高的女性，越喜歡一些怪異的行爲。從女性週刊雜誌的報導，也能夠了解到這一點。在這一點上，男性則與學歷無關，幾乎全都喜歡怪異的行爲。例如，在性交中看女性的羞澀會使自己更加的興奮，確認自己陰莖的插入狀態，同時親眼確認由女性性器的裂縫溢出的愛液，會讓男性產生快感。有的人喜歡在性交時聞女性性器的氣味。

這不算是變態，只是一種本能的表現而已，十分的平常。用舌頭舔女性陰毛時那種戰戰兢兢的探求心，任誰都有，接下來就想要用舌頭去轉動女性的陰蒂。

上述的部分，是一位到我這兒來的老作家先生的告白。他擅長畫裸體畫，這種表現也不算是含蓄的性愛之樂吧——。

在此，叙述一下女性到達高潮的狀況。

※女性到達高潮的感覺

女性到達高潮，經常會說「要去了」。遺憾的是，即使是老練的男性，也只能夠憑感覺，無法確實掌握狀況。沒有自信的男性，在行爲之後還想要再確認。可是，這種做法卻會被女性嘲笑。

——不要任性地自己一個人玩。

男性聽到這樣的話，無言以對。這種高潮感與年齡無關，即使高中女學生也能夠達到高潮。

從女性的表情變化，可以發現在迎向高潮的瞬間，呼吸停止，臉部扭曲。而女性從到達高潮超過極限的瞬間開始，整個表情會鬆懈下來，全身洋溢著一種滿足感，顯得很嫵媚。

我之所以把這些現象納入新婚項目中來討論，就是因爲我認爲在此時期享受到高潮的女性，比起在高中時體會到這種感覺的女性更幸福。

女性在迎向高潮的瞬間會產生何種現象呢?遺憾的是，男性並不知道。不過，任誰都會對此問題抱持好奇之心，海狗博士進行這個調查。

因爲是直接請教女性，所以也許表現得不夠詳盡或有點誇張，尚請見諒。

「在那瞬間，霎時覺得四周一片空白——」

「好像覺得自己飄飄欲仙似的——」

「感覺好像瞬間忘記了呼吸——」

大部分的女性都如此做答。根據我的觀察，在此瞬間呼吸急促，腦部缺氧，有的人會翻白眼，或臉部露出痛苦的表情。

這時，外國女性多半會叫道「I am coming」，而日本女性則會叫道「去了！去了！」

——到哪兒去呢？

對於懦弱的男性而言，應該是希望自己也能夠去一趟的愉快境地。

男性的高潮感（射精）就沒這麼困難了。射精的瞬間，行爲停止，好像衝出了黑暗一般，等回過神來，眼前已經回到了現實。

這時，立刻會想到太快？太慢？對方怎麼樣了等問題。

女性則比較優雅，在高潮之後，尚能夠體會快樂的滋味，能夠表現出自己更美好、更溫遜的一面，令純情的男子心動。甚至爲了自己所愛的女性讓後戲延到第二天早上。

最近，有人認爲爲了配合女性的恍惚度，男性最後在女性達到高潮的五秒鐘之後再射精。

事實上，這種理想派的人，什麼也不了解，對於未成熟的男性而言，就算只是五秒鐘，可是要調節射精卻是相當的不易。不像文字敘述的那般容易，是一道無法越過的柵欄。

※拔三（不拔出來，連發三炮）的秘法

在新婚時期，無法配合新婚妻子要求的男性，眞的是很悲哀。儘可能在「拔」的狀況下讓妻子得到滿足。

——我教你吧！

拔三的意思，就是不拔出陰莖，與女性進行三次性行爲。一旦射精之後，陰莖就會萎縮，應該如何不拔出來而繼續挑戰呢?這就是展現技巧的時刻了。

並不是說只要把陰莖留在所愛的妻子的體內，等其恢復功能就夠了，因爲通常陰莖還是會被推出到女性性器之外。

當然，越年輕，陰莖的復原力越快。有的年輕人也許眞的能夠完成拔三的動作。

但是，在此探討的，不是只有年輕人才有的技巧。此道老者對各位的忠告如下：

一、拔出後就沒有意義，射精後，要努力讓陰莖留在女性的體內。

二、射精後，保持挿入狀態，但不可睡著，要持續努力保持興奮。

三、來自女性的愛撫和色情話題是不可或缺的。

寫成文章當然很容易，但是越是表達理想的性行爲，就越會有人感到苦惱。爲了性能力比較差的大多數人著想，我還是寫得保守一些。與其進行「拔三」的努力，較弱的男性還不如傾注全力賺取三分鐘吧！

※海狗博士的煩惱諮詢

問題（Q）

我只感覺丈夫的陰莖插入陰道而已，丈夫眞是太差勁了。結婚二年至今不曾享受過高潮。

答（A）

在做愛時無法達到高潮的女性，比我們想像的更多。男性只要看射精的現象就能夠明白，女性的高潮因爲看不到，所以容易被忽略。誠如妳所提出的問題一樣，經驗較淺的男性，認爲只要插入陰道，女性就能產生感覺。

要使女性達到高潮，不只是插入而已，還必須要刺激陰蒂。女性的陰道中，比男性所想像的更要遲鈍，最敏感的是陰蒂。當然，偶爾也會有一些女性必須要刺激陰道才能夠達到高潮。

在做愛時，該如何接觸陰蒂呢……

要直接撫摸，還是經由包皮接觸，或是隔著薄薄的尼龍內褲進行愛撫較好呢？不需要我教導，兩個人自行嘗試，如此就能夠享受快樂的性生活。請自由進行吧——。

※關於體位

討論應該是快樂的新婚期的性，同時對於性行爲提出忠告，看這些敘述，或許各位會覺得很乏味。因此，我想探討一下謳歌性行爲的體位。

體位是在性交之中自然產生的，閱讀之後，或許你會想「這個我做過嘛！」「那個也做過呀！」

一邊閱讀，一邊配合自己的經驗，發出會心的微笑吧！

首先，我要先說明一下，動物的世界，並沒有所謂的正常位。女性仰躺的性交，只有人類才會進行。人類藉著發現這種正常位，才能夠看到對方的表情，確認愛而進行性行爲。因此，正常位是性交的基本體位。

從正常位到雙方身體替換的過程中，產生出其他各種不同的體位。

※體位的基本形與變化

一提到體位的變化，大家立刻會聯想到俗稱的「四十八」手。這是一些性的老手們想出來的體位。一些新婚的伴侶，恐怕無法進行「八重椿」或「寶舟」的秘技。

初學者就好像英語的基本六句型一樣，也有基本的體位。首先就從「秋好式基本五體位」開始說明。

①**正常位**（女性仰躺，引入男性）。②**騎士位**（女性跨在男性上方進行性交）。③**側臥位**（雙方面對面側躺進行性交）。④**背後位**（好像動物般，男性從後方插入）。⑤**坐位**（男女面對面坐下進行）。⑥**後坐位**（女性背對男性，坐在男性的上方來進行）。

※能夠成能體位的鐵人嗎

在性行爲中，體位會造成變化與喜悅。

一般而言，最受女性歡迎的，就是正常位。

女性仰躺、張開雙腿引入男性的姿勢，不會對女性的身體造成負擔，同時能夠順利地扭動腰，這是受女性歡迎的原因。

但是，即使再怎麼喜歡，每一次都採正常位，也會讓女性感到厭倦。男性應該要了解女性纖細的心理，迎合女性的心情來選擇體位。

本質上，不論女性採用任何的體位，都要視當時的心情而定。男性一定要仔細注意來加以處理。一次性行爲，至少要採用三種不同的體位。正常位、後背位、騎士位等，可以想到的形態是——

◉正常位→後背位→正常位

◉正常位→後背位→騎士位

◉正常位→騎士位→後背位

◉正常位→後背位

①正常位

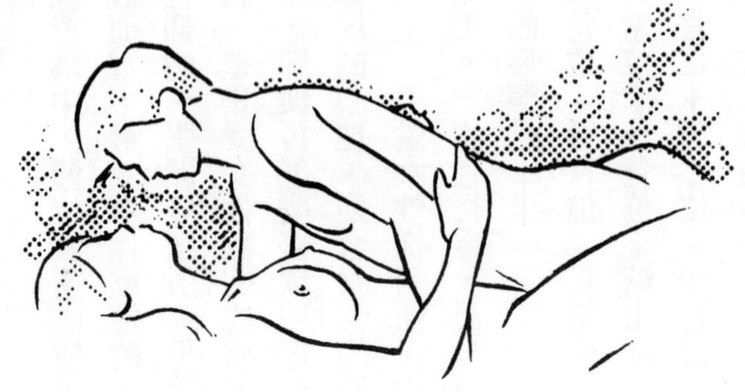

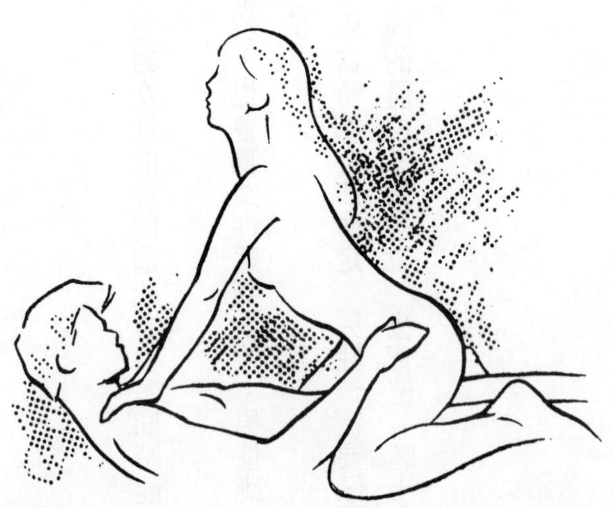

②騎士位

③側臥位

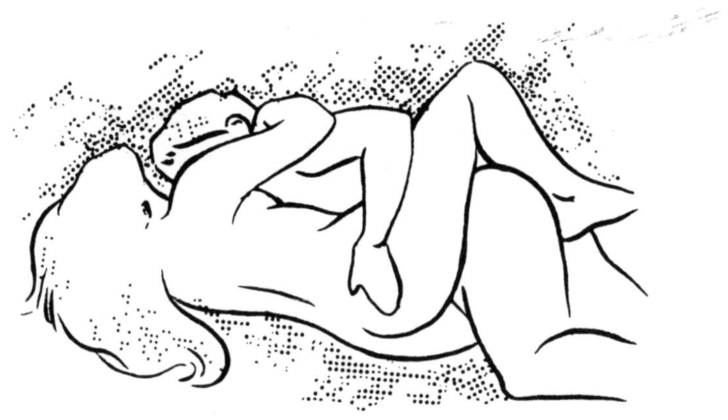

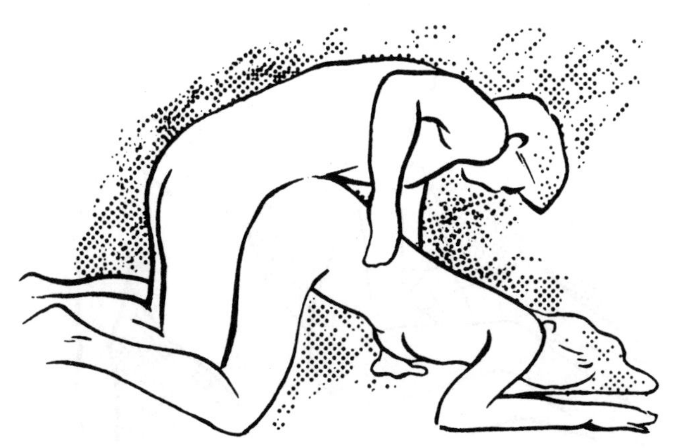

④背後位

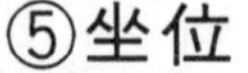

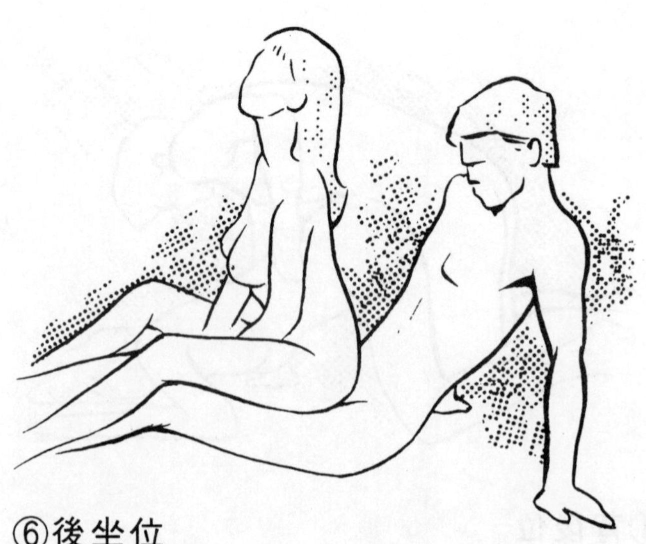

⑥後坐位

◉後背位→正常位

根據我所調查的指導書籍是這般的記載。不過，請等等。體位的變化是在性交的過程中進行的，因此，只是替換三種不同的體位，也許女性值得同情。好不容易亢奮的情緒，卻在從正常位變成後背位時消失了，因此需要注意。

如果不能夠巧妙進行，會使女性不悅，無法成爲體位的鐵人。如果不重視體位的過程，則恐怕女性會拒絕張開身體。俗稱的性的四十八手供各位作爲參考，希望能使你更順暢地進行三種體位。

盡量嘗試四十八手。

——你全都知道嗎？

遺憾的是，恐怕沒有人完全了解四十八手吧！甚至有的人連四十八手秘技的名稱都不曾聽過。

爲了新婚伴侶著想，海狗博士做了以下的調查。

網代本手

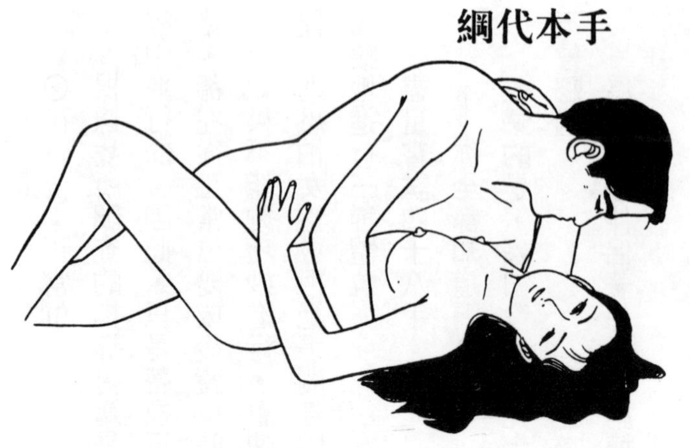

揚羽本手

筏本手

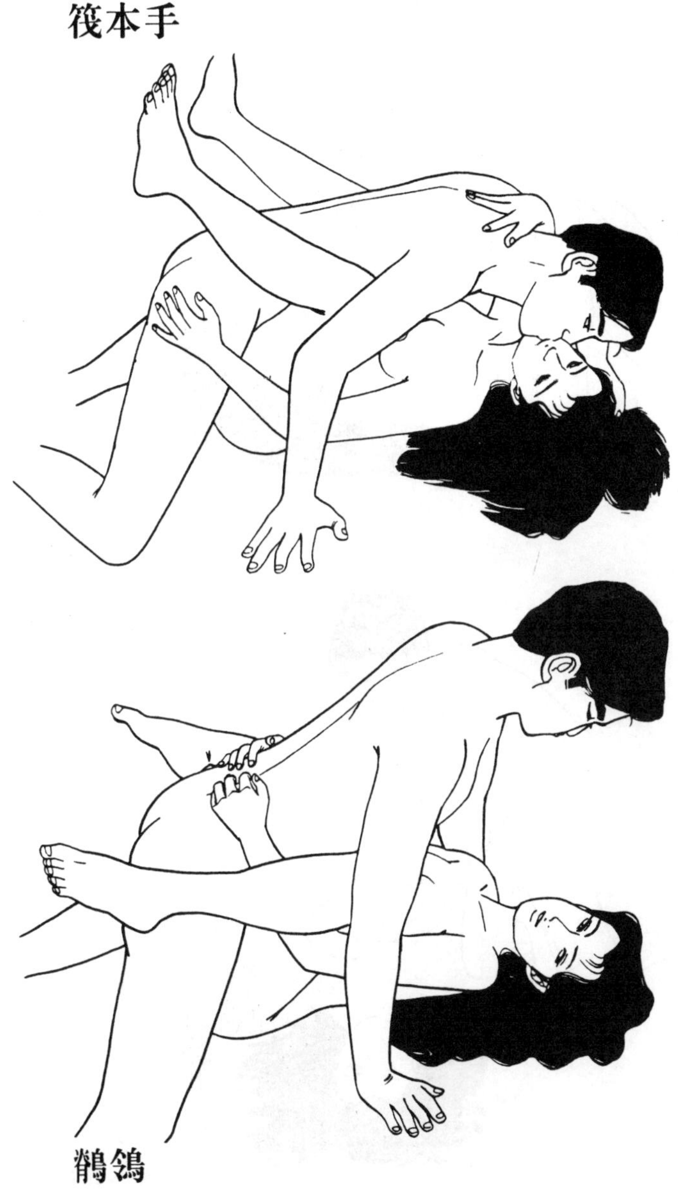

鶺鴒

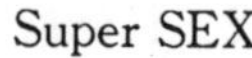

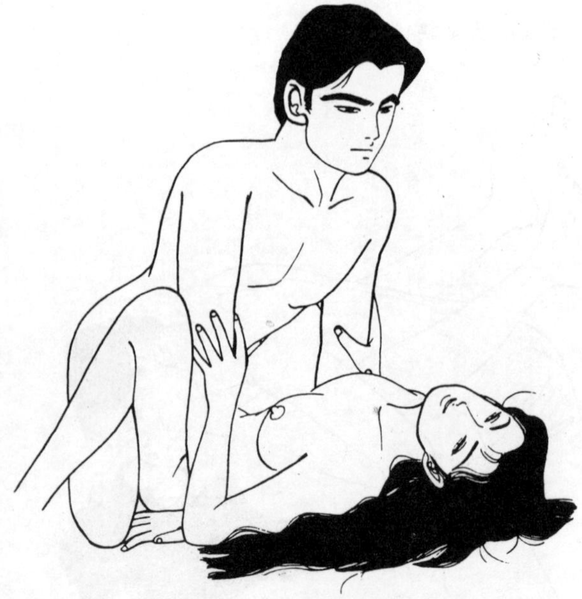

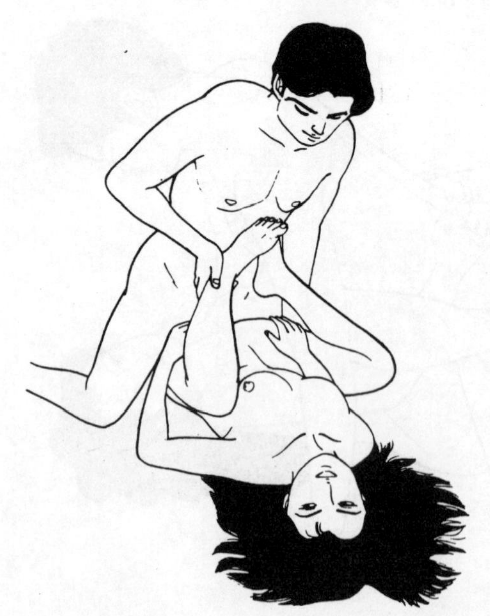

入洞

笹舟

深山

入舟

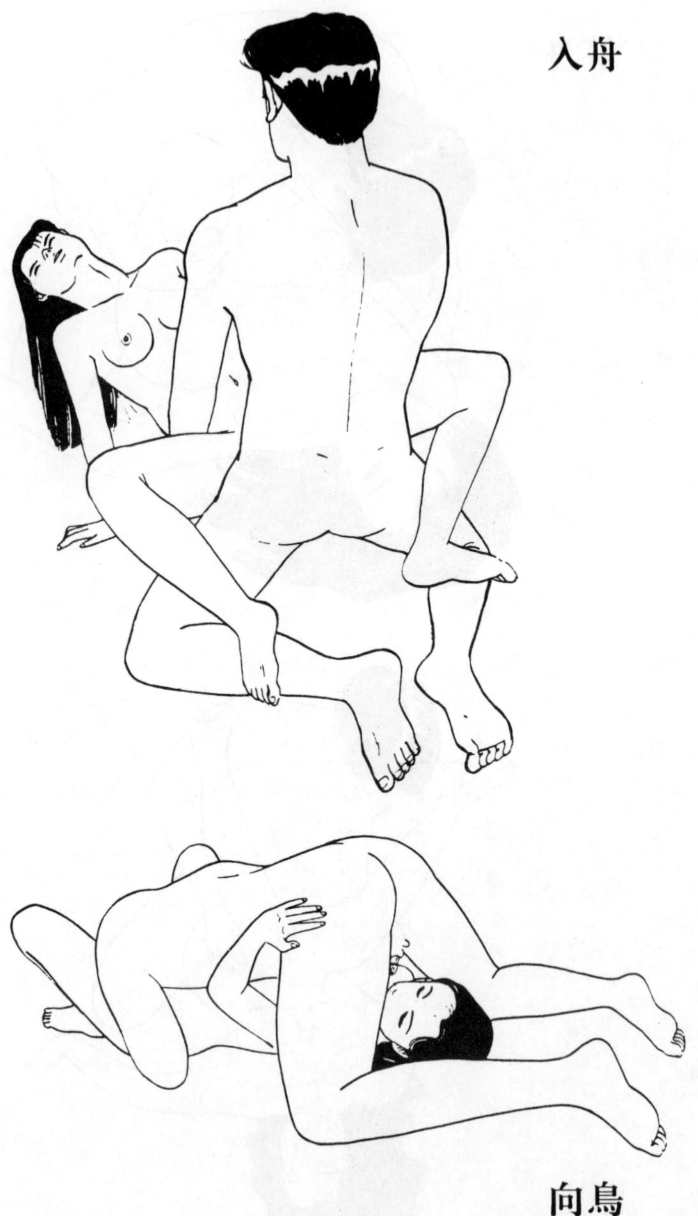

向鳥

八重椿

唐草居茶臼

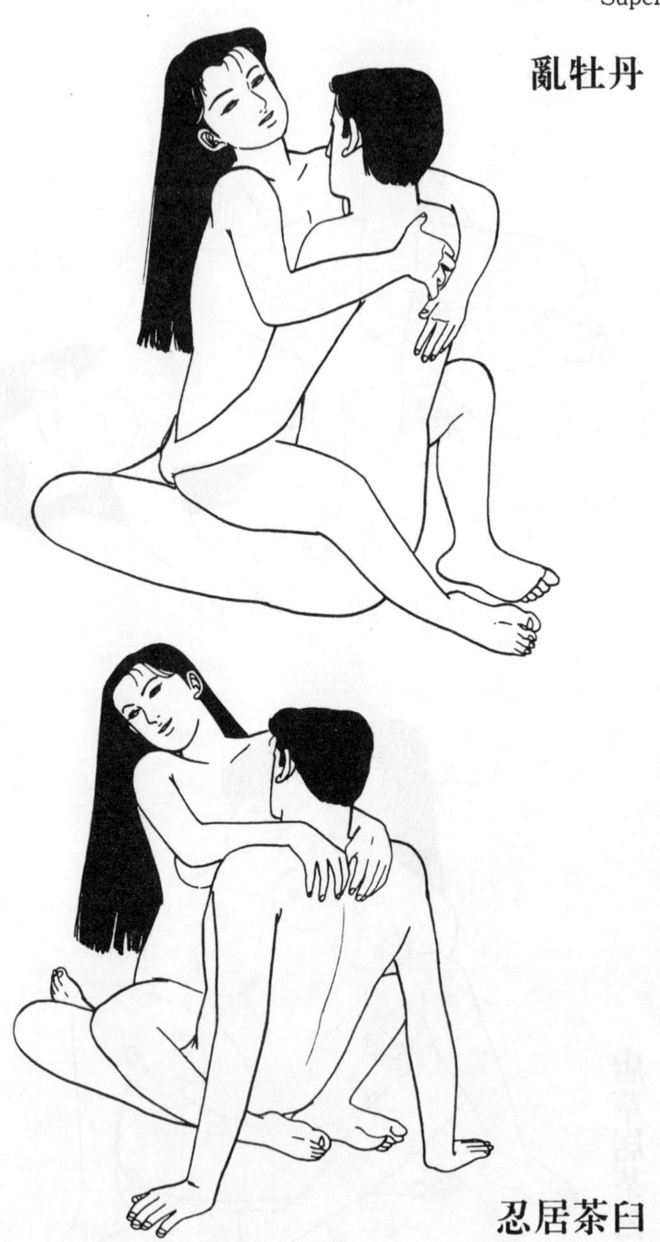
亂牡丹
忍居茶臼

狂獅子

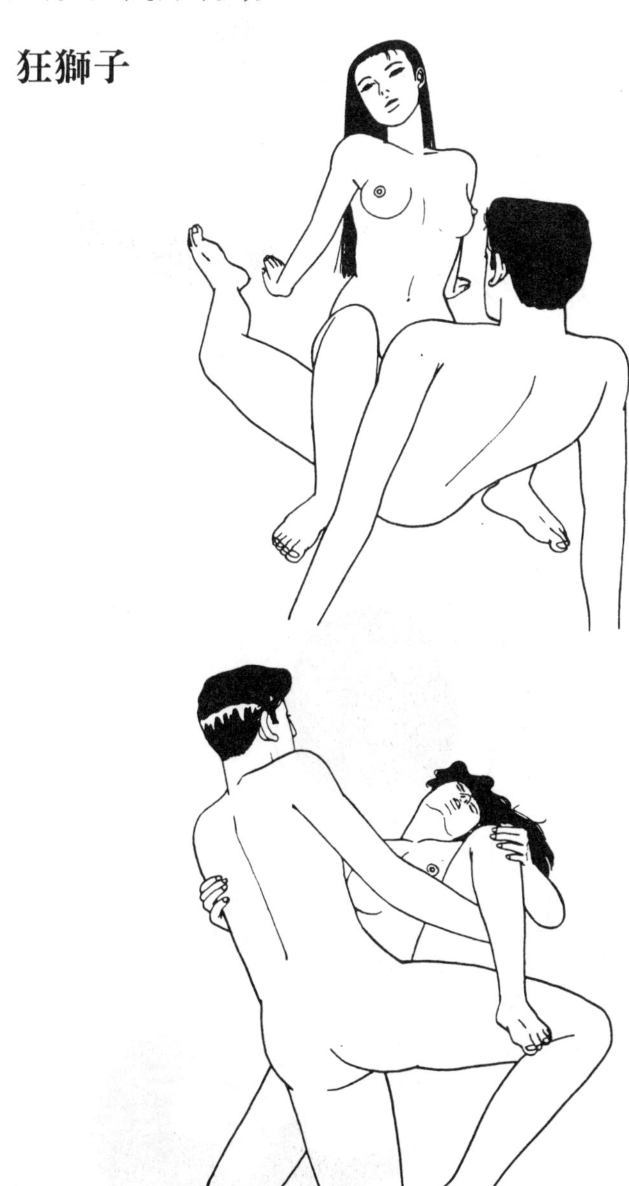

濱千鳥

横笛

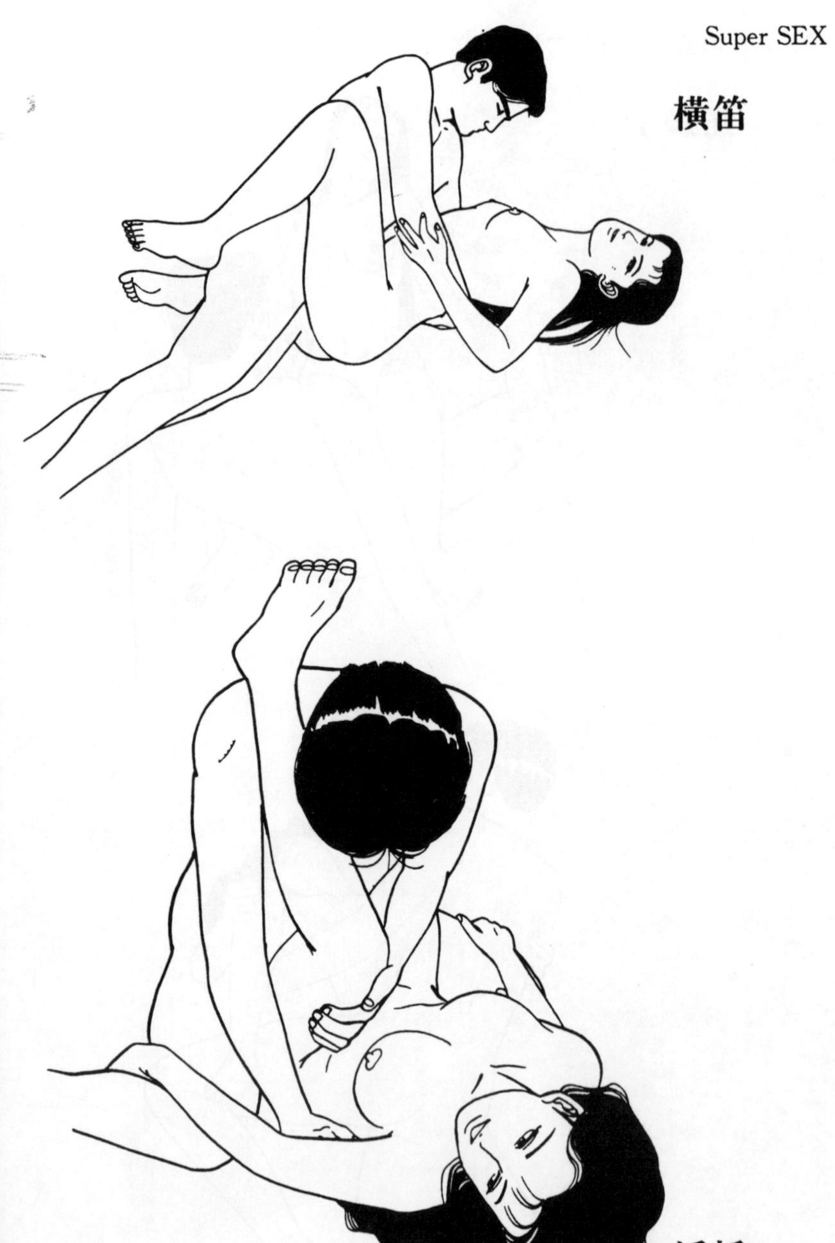

浮橋

空竹割

零落松葉

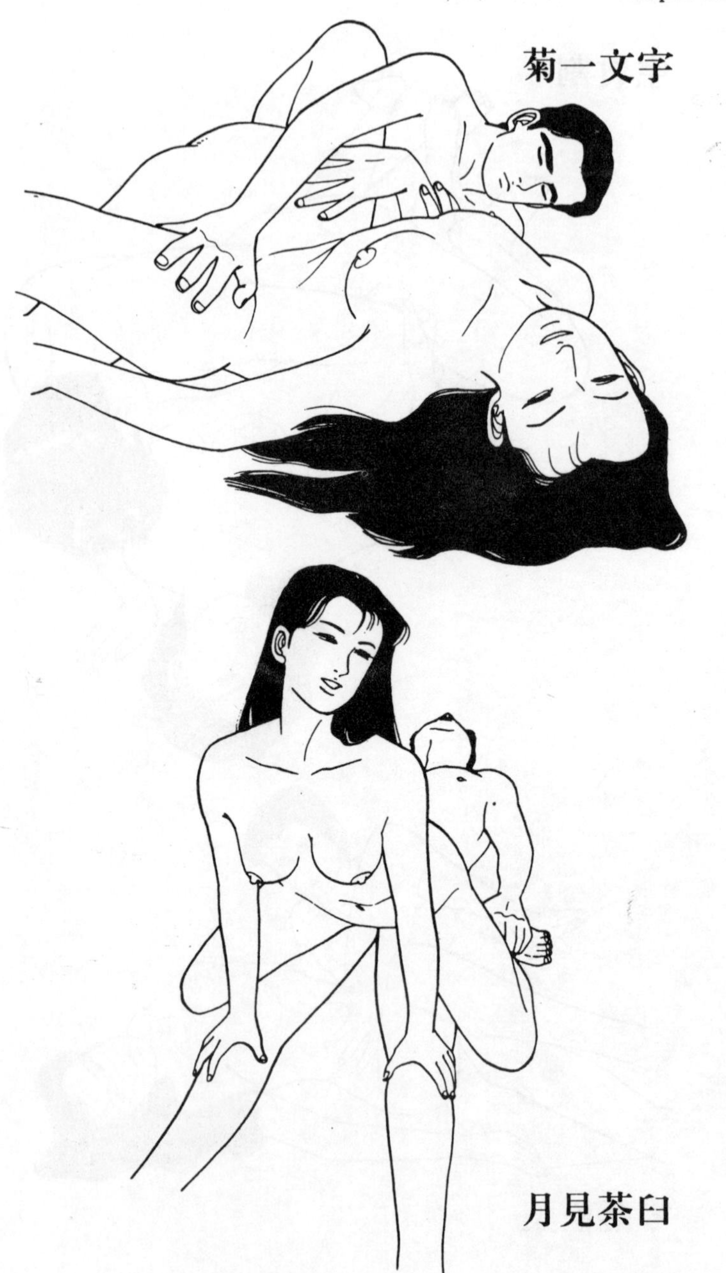

菊一文字

月見茶臼

目入千鳥

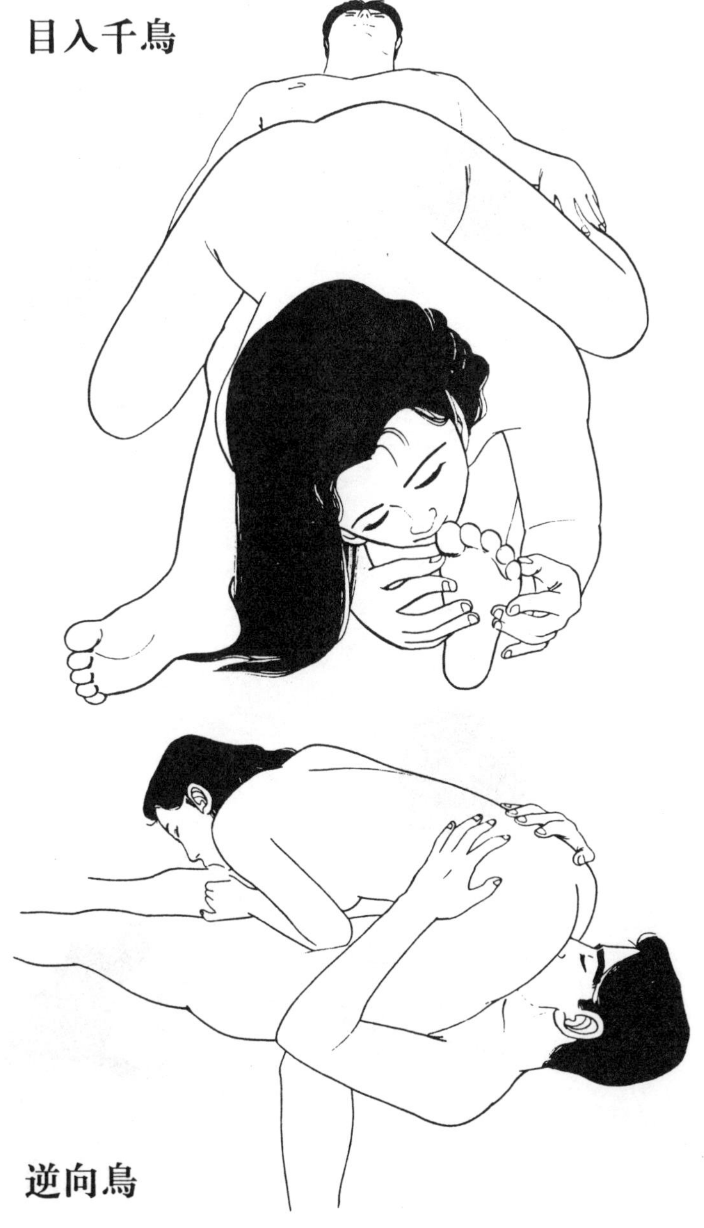

逆向鳥

攻花菱

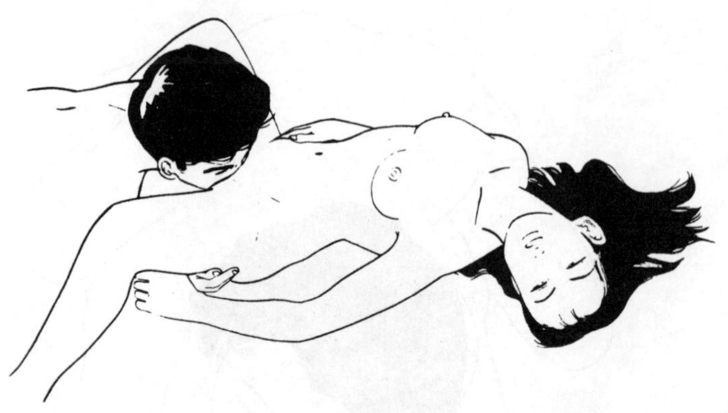

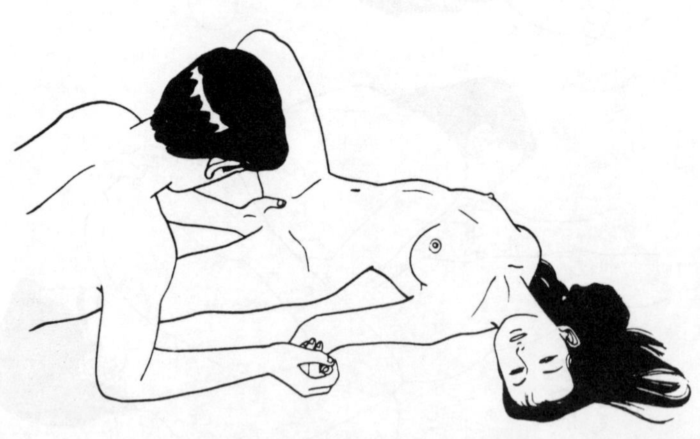

白光錦

後櫓

本茶臼

燕返

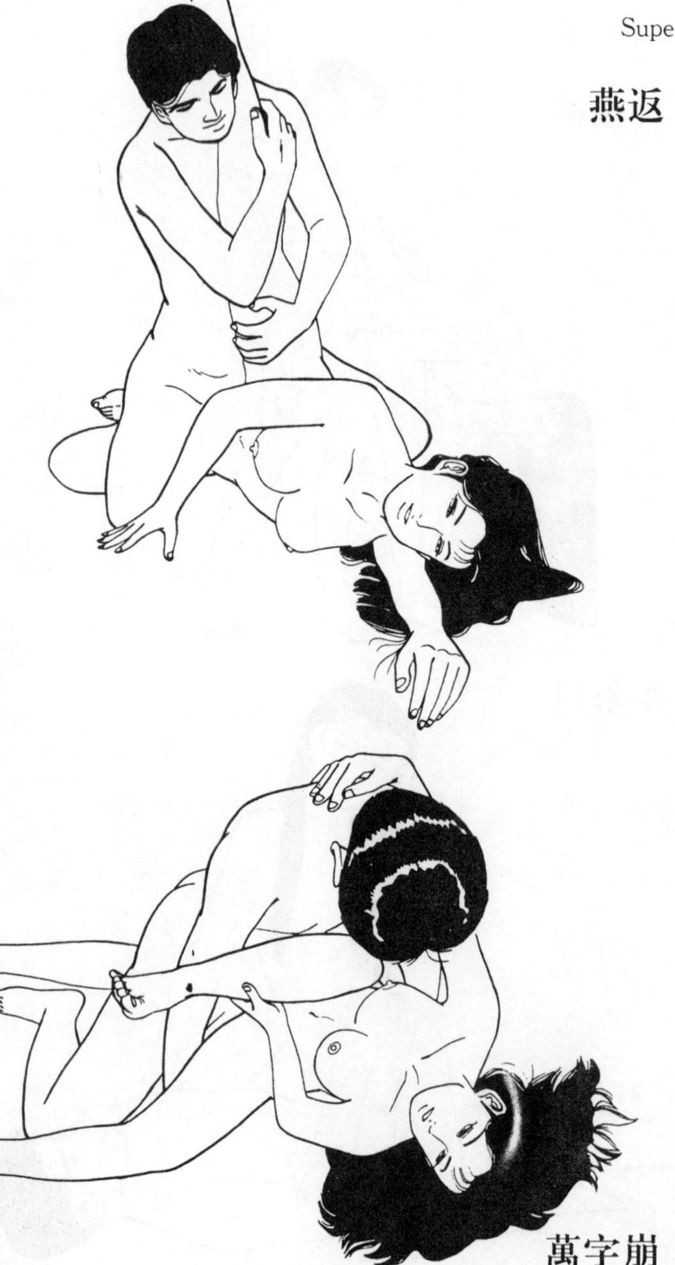

萬字崩

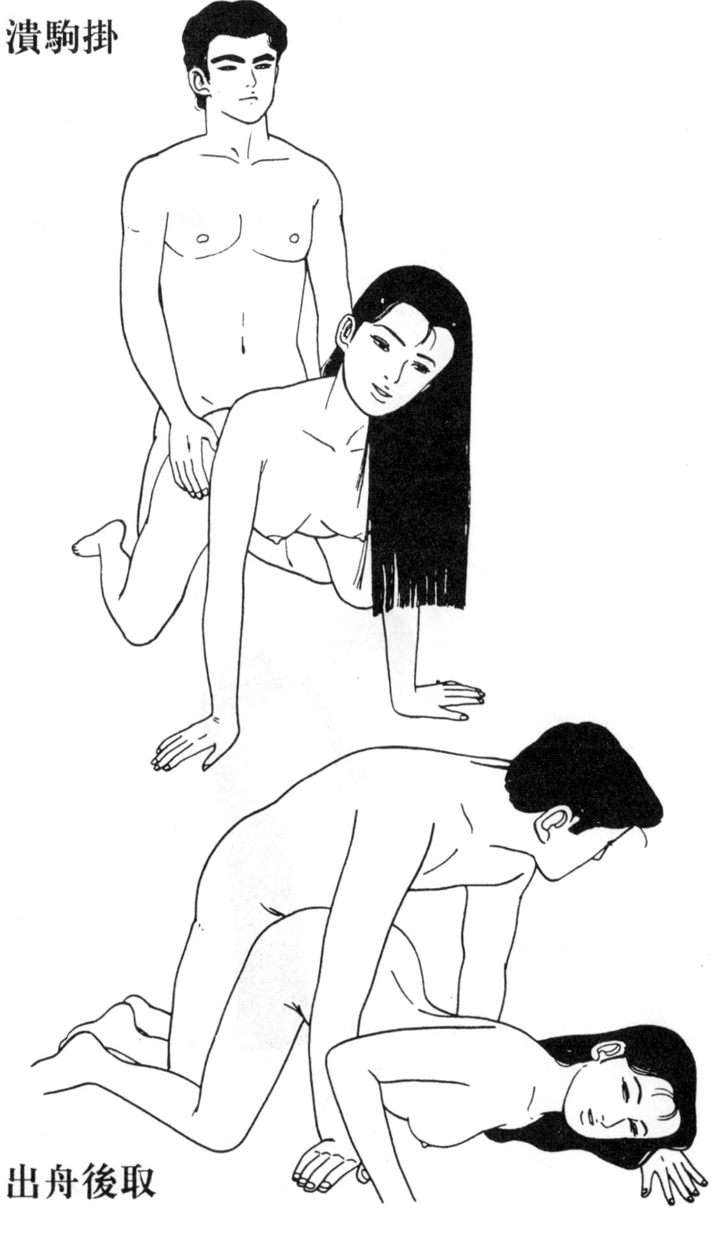
潰駒掛
出舟後取

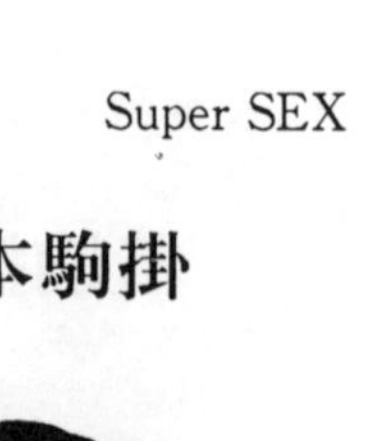

本駒掛

締入錦

時雨茶臼

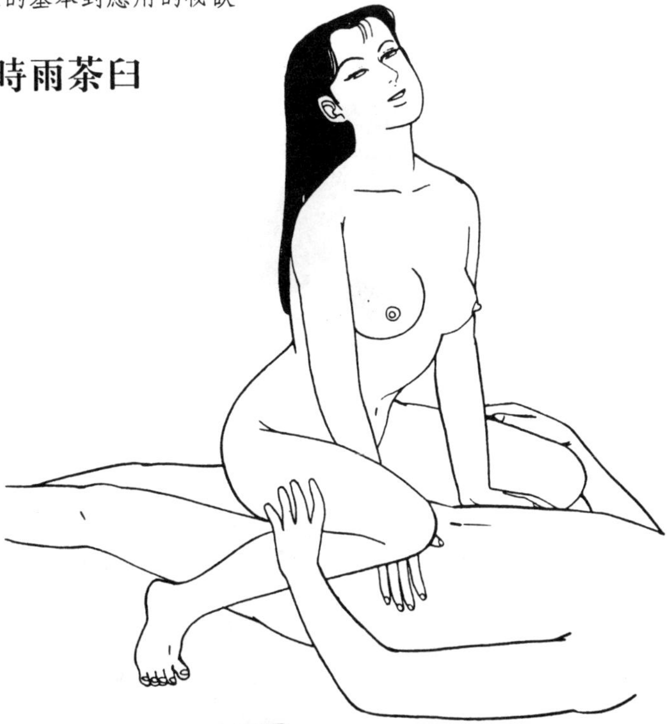

機織茶臼

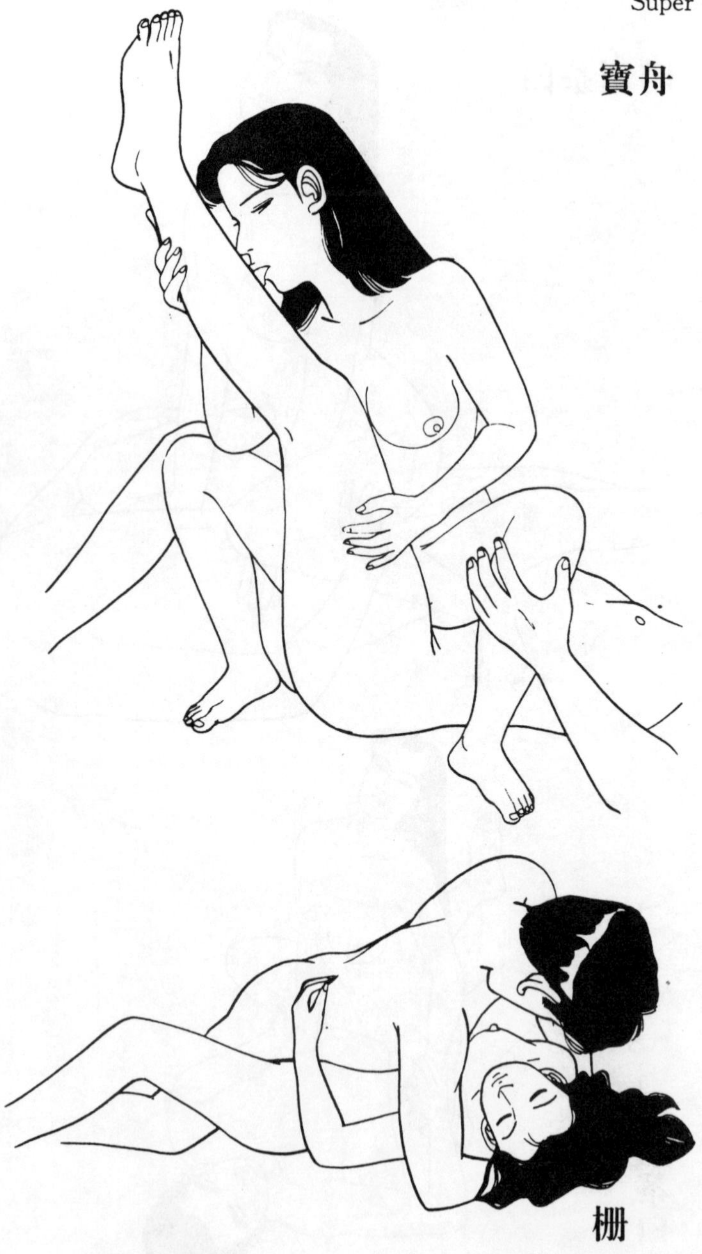

寶舟

棚

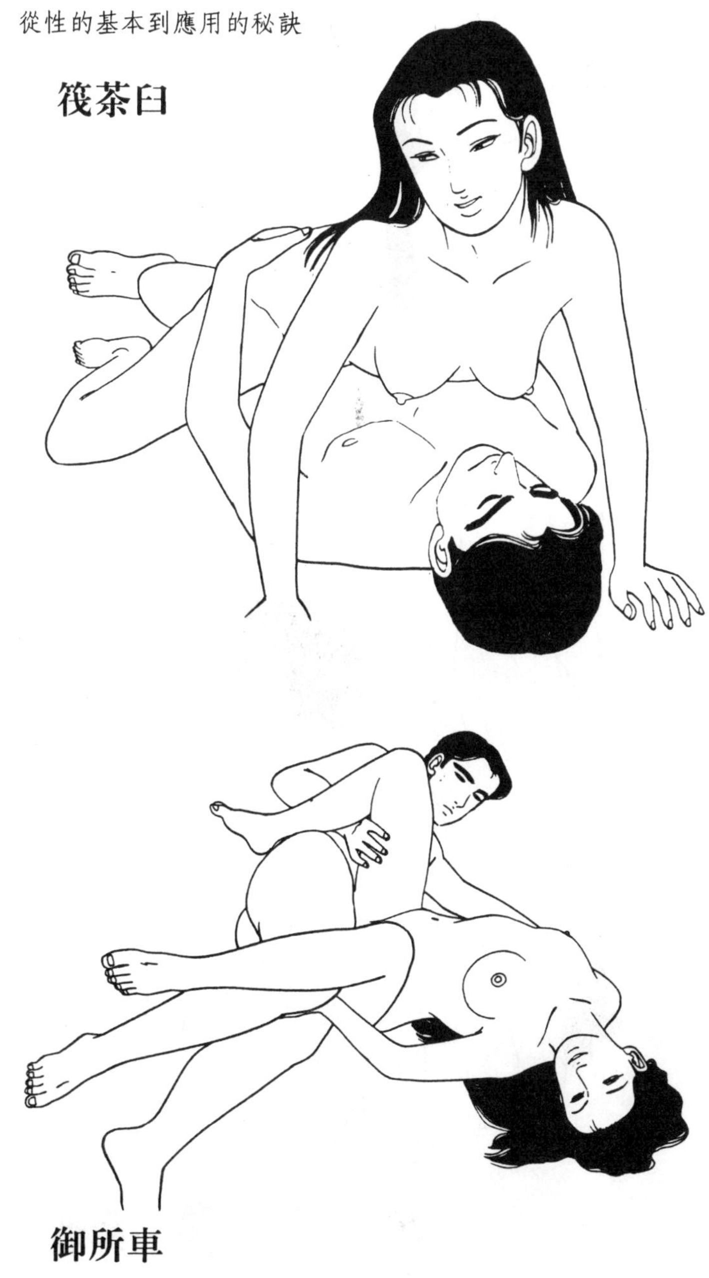

筏茶臼

御所車

立腰

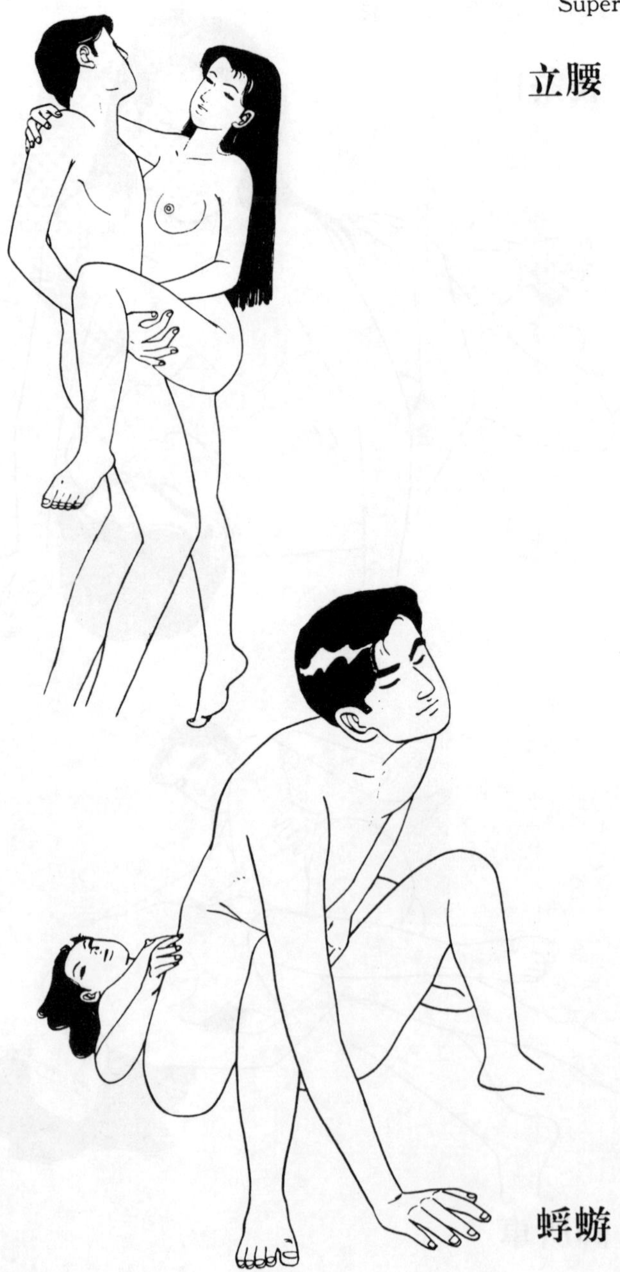

蜉蝣

二巴

尺八

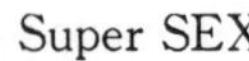

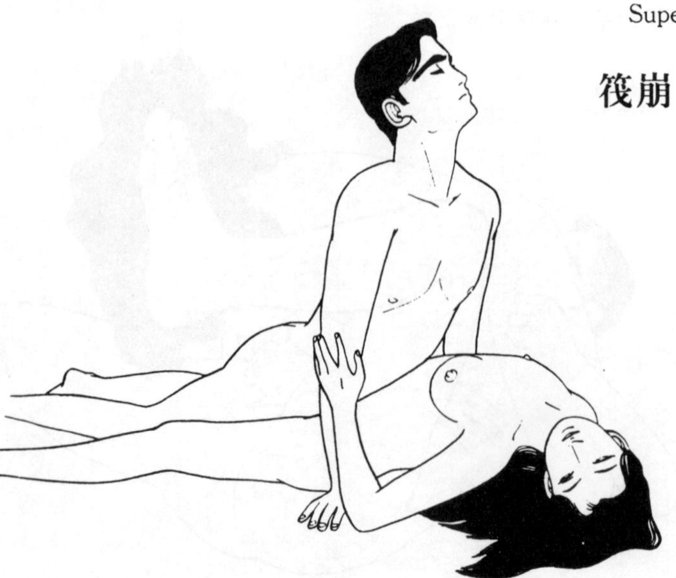

筏崩

反筏崩

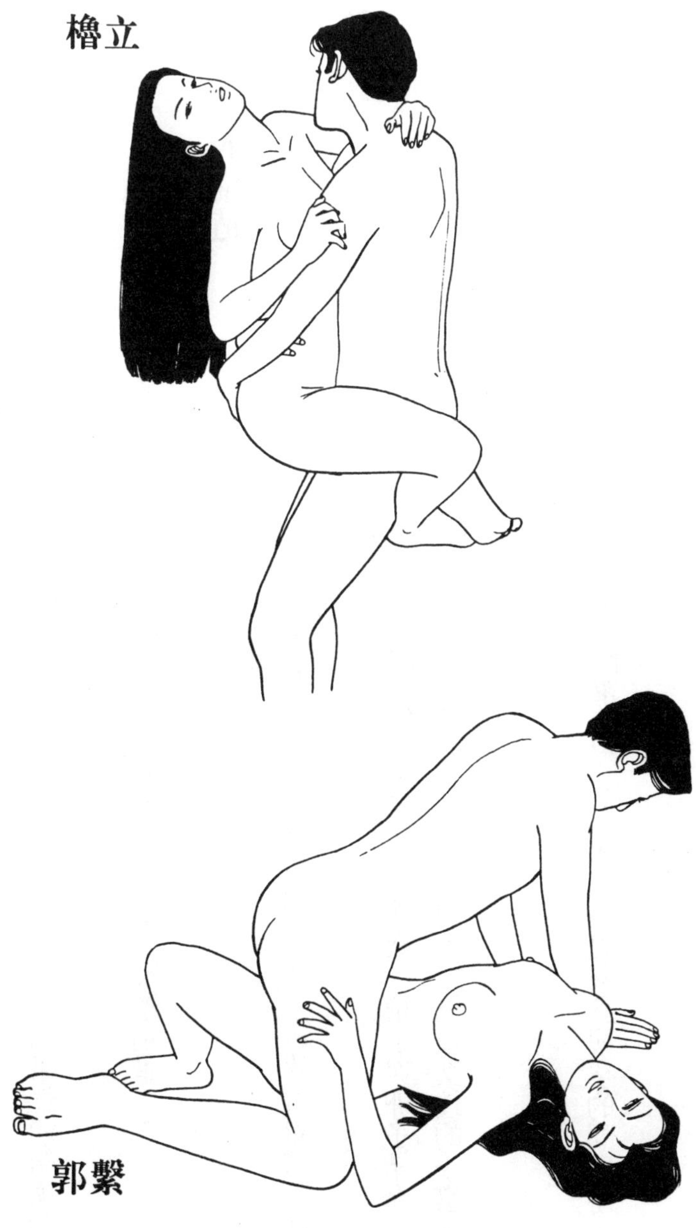
櫓立
郭繫

以上是四十八技法，稱爲「性的四十八手」。不論任何秘技，事實上，都讓你感覺到風雅的江戶趣味。

想像這些令人情緒高漲的命名，連我都快要勃起了。的確令人羨慕。如果性能夠達到這種趣味化的地步，夫妻也能夠永遠維持美好的關係了。

越是年輕的伴侶，越要從這裡開始，即使失敗，也要重新來過，繼續前進。

※懷孕的構造

繼風流秘技四十八手之後，爲各位探討懷孕的問題。新婚期的性，需要考量這個問題。

懷孕是指在女性體內完成受精、孕育胎兒的狀態。男女藉著性交，精子與卵子結合，成爲受精卵，在女性的子宮內著床而開始懷孕。接下來的十個月內，胎兒在女性的子宮內成長，經由生產而結束懷孕。

在我所學習的書籍中，是如此記載的。

看起來好像是很無聊的文章，其實非常的簡單明瞭。而我在述說關於懷孕的問題時，經常都會引用這種說法。

——懷孕是奇蹟。

由女性左右的卵巢交互一個月會有一次只有一個卵子排出，遇到經由射精而在陰道內等待的數億個精子，只有其中的一個在競爭中獲勝，到達卵子而引起懷孕。

即使排卵，但卵子短命，無法在輸卵管內碰到等待的精子，則受精不成立。卵子死滅，被輸卵管液沖走，通過陰道而流到體外。

如果運氣好則受精，但如果在輸卵管內的移動太快或太慢，到達子宮的時機不良時，則無法著床，無法懷孕。

一般而言，新婚夫妻不想立刻有孩子，就會考慮到避孕的問題，才能夠享受這個時期的性生活之樂。

而懷孕的努力則是與避孕的努力相反的方法。

——危險日是懷孕的捷徑。

口中含著婦女用體溫計，每天測量體溫並塡入表中，就能夠知道安全期。新婚婦女要知道婦女用體溫計的眞正意義。婦女用體溫計是爲了掌握可能懷孕的日子而使用的。正確地得知自己的排卵日，就能夠懷孕，請多加利用。

關於懷孕的書籍有很多。

可以使用婦女體溫計，同時參考這些書籍，擁有正確的懷孕知識。

※精子的構造

精子有如蝌蚪般的形狀，從頭部到尾部的前端爲〇．〇五～〇．〇六毫米，非常的小。頭部有核，核中有各種的基因，以一分鐘三毫米～四毫米的速度朝卵子游去。

精子要在數億個競爭對手中獲勝，否則無法遇到女性排出的卵子，因此，必須要擁有新鮮強壯的精子。

如果長時間沒有射精，精子的運動能力衰退，受精能力降低，所以男性要經常射精或進行性行爲。射精能夠促進新陳代謝，陸續補充新的精液。

射精力較弱的原因，包括極度疲勞及心理的煩惱等。一旦失調，精液無法強而有力地發射，而有一種漏出來的感覺。

如此一來，就無法得到一種深入的滿足感。像這般的例子，要去除心理的煩惱或肉體的疲勞，就能夠復原。因此，需要使體調迅速地復原。一旦復原，精子的活動就會充滿朝氣。

——卵子的守護如銅牆鐵壁一般。

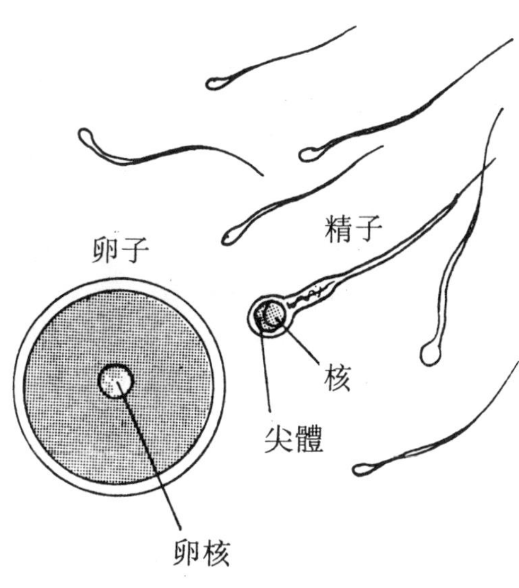

如果不能夠從數億個精子中脫穎而出，就無法遇到唯一的一個卵子。較弱的精子或畸形的精子，在中途會死滅，只有剩下有元氣的好精子中的一個，能夠遇到卵子而受精。

我再說一次，懷孕堪稱是一個奇蹟的作業，理由就在於此。

※女性的卵子如何形成

對於男性無數精子的射出而言，女性的卵子可以說是少數精銳部隊。從出生時開始擁有十幾萬個原子卵泡，隨著成長會逐漸減少，迎向初經時只剩下三分之一，亦即數萬個。

卵子一次的生理（月經）會排出一個，在一生之中排出的卵子數約四百個。

其中會受精的爲一～三個，即使受精，如果

接受的一方條件不完善的話，則無法成爲人類而誕生。所以，懷孕堪稱是一種奇蹟的作業。

※找尋不孕的原因

我不是專門醫師，因此，只能概略性地叙述一下不孕的原因。

不孕的第一要因，就是男性的精子數極少，即一般所謂的精子不足症，與沒有精子的無精子症或精子死滅症的人，並稱爲男性不孕症的三大症狀。

即使射出許多精液，但是精液中卻沒有重要的精子，因而永遠無法受孕。縱使精液大量射出，但是死亡的精子根本無用武之地。

此外，還有很多不孕的原因，婚後如果一直沒有懷孕，則夫妻要一起接受專門醫師的檢查。

如果是無精子症或精子死滅症，則根本就束手無策。不過，如果是精神的問題或虛弱體質，則一定有救。

也許有人在與我的談話中找出了原因，藉此改善體質，能夠順利地懷孕。

另外，各位也許不知道，關係太好，也不易懷孕。亦即兩個人因爲關係太好，性行爲過多而無法懷孕。

性行爲能夠促進新陳代謝，的確能夠創造健康體，不過，性行爲過多會導致不孕，在這個世界中，沒有因爲做得過度而成就好結果的事情，而性行爲也必須要適可而止。

※謎樣的無氣力精子

最近在性醫學上成爲話題的，就是現代年輕男性中無法得到子嗣的人增加了，這的確是駭人聽聞的消息。

——爲什麼呢？

答案是精子數減少了。通常，一次射精而射到女性陰道中的精液，應該擁有二億到三億個精子。

精子的數目逐年減少，是一大問題。以下所列舉的資料，是忠實地表現出美國青年男子精子減少的震撼性報告。

• 一九五〇年，康乃爾大學對一千名男子調查精子數，精液一 c.c.中所含的精子數一億以上者占全體的四十四％

• 一九七五年，哥倫比亞大學進行相同的調查，結果一億以上者占二十四％。

•一九七七年，德州大學的調查，發現減少為二十二%。一c.c.精液中擁有一億以上精子的男性逐漸減少，對於美國社會而言是一大震撼。這種可怕的傾向，現在仍在持續當中。

•一九九二年，丹麥的哥本哈根大學對一萬五千名男子做調查，發現一c.c.精液當中所含的精子數，從一億三千三百萬個減少為一半，成為六千萬個。

這些報告說明，精子減少的情形不只是出現在美國，連丹麥也發生這種事實。亦即這是全球性的問題，是世界的眞相。

換言之，在我國也會確實地發生。

※海狗博士的煩惱諮詢

問題（Q）

一c.c.精液中精子一億個以下，會造成何種情況呢？

答（A）

競爭對手越多的話，則到達卵子的精子很有元氣。懦弱人類的誕生，就是精子的競爭力降低而造成的。

最近二十多歲的年輕人卻要攝取強精、強壯食品，即能夠證明這一點，再這樣下去的話，到了四十歲層、五十歲層可就糟糕了……。

問題（Q）

如何增加精子數？

答（A）

現代的年輕人一定要攝取營養。換言之，礦物質缺乏，使得年輕人的精子減退，因此，要攝取含有豐富的鋅、鐵、鎂的食物（牡蠣、韮菜、山藥等），改善飲食生活。

這些營養素，被稱爲是製造精液的性礦物質，一定要努力地多加攝取。

※關於性的問答

以下將關於性的煩惱及問題整理敘述，以問答方式來說明。

Q１　早晨無法勃起，是精力減退的證明嗎？該如何是好？

A１　早上清醒時勃起，是因爲尿積存的緣故。在睡眠中，膀胱積存尿液，前列腺與陰莖海綿體的神經叢受到刺激信號，傳達脊髓的勃起中樞而引起勃起。如果將早晨的勃起視爲是精力的象徵，在心理上產生安心感，則的確具有很好的效果，但是並沒有任何的根據說明其直接與精力的強弱有關。

Q2　陰莖如何移動，才能夠取悅於女性呢？

A2　以前有所謂「八淺二深」的男子性交秘訣。亦即在進入女性的陰道後，在淺處要抽動八次，在深處要抽動兩次。但事實上並非如此，而是橫搖八次，縱搖兩次的意思。

Q3　「接觸但不射精」是正確的做法嗎？

A3　一旦精液放出之後，製造下一次精子精液的指令會傳達到各性腺，使得睪丸的製精及作用於睪丸的荷爾蒙作用旺盛。因此，如果是採用「接觸但不射精」的方式，以現代的醫學觀點而言，很多人並不贊同。但是如果是高齡者，由於精子、精液的增產遲鈍，因此還是需要做必要的努力（飲食生活、運動）。

Q4　對身體而言，手淫過度是毒嗎？

A4　如果不是很極端的情況，則不用擔心會影響身體健康。中高年齡的人進行各種想像而有手淫的行動，能夠促進腦的活性化，反而是好事。但是，會出現伴隨射精的現象，因此，為了確保精液的原料，一定要充分攝取蛋白質、礦物質、維他命。手淫次數過多時，會對勃起力造成影響，所以要適可而止。

Q5　雖然會勃起，但是卻無法射出精液，是什麼原因呢？

A5　最近這一類型的人很多。

可能是因為攝取太多的速食品，亦即飲食生活的貧乏所造成的。精液的原料是蛋白質、鋅、硒、維他命B類的飲食，平常就要積極地攝取，最好多吃肝臟類、黃綠色蔬菜、海草、魚貝類等。

Q6　何謂名器（千隻蚯蚓）？外觀上看不出來嗎？

A6　陰道的深度只不過七～八公分，其構造就有如伸縮自如的「蛇腹」一樣，會配合插入的陰莖的長度、粗細而伸縮自如。而這個「蛇腹」的皺紋具有微妙移動體質的女性並不多。不過，據說的確是有的。因此以千隻蚯蚓的說法來加以表現。

Q7　很難勃起，即使勃起也不硬，請告知具有速效的勃起術。

A7　在四～五小時之前吃粘滑的食物，例如山藥、秋葵、鰻魚等較好。因為這些食品中含有很多精液的原料核糖核酸。此外，含有豐富鋅的海草、魚貝類或動物的肝臟都是不錯的食品。由於促進勃起和性慾的是大腦，因此，平常的飲食生活和節制非常的重要。

Q8　短小、早洩，是最差的情況嗎？

A8　陰莖的勃起，如果不是五～六公分以下，則不算是短小。陰道伸縮自如，能夠對應大陰莖，也能夠對應小陰莖，所以不要太在意長度，反而是硬度比較重要。

早洩，是一種深層心理的表現，問題在於心理的問題以及訓練（經驗）的淺度。任誰都會遇到這個困難的關卡，所以不需要感到煩惱。

Q9　性行為一週幾次比較適當？

A9　依年齡或體力的不同而有不同。不要太在意次數的多少。但是，如果能夠增產精液，提升性慾也不錯。精液的增產，需要蛋白質、礦物質（尤其是鋅、硒、鐵）、維他命（尤其是B群、E），要努力攝取含有這些物質的食物。

Q10　如何知道女性的高潮呢？

A10　男性的高潮很單純，大約十秒鐘就結束了，而且收縮也只有幾次而已。女性的高潮，比男性更為複雜，依女性的不同而有數種不同的形態。時間從十秒鐘到七十秒都有。此外，收縮可能長達十次到三十次。

Q11　女性的愛液會出現多少？

A11　一般量爲十cc左右。

愛液儲存在陰道粘膜的細胞間及細胞中，這是經由最近的性醫科學而證明的事實。尤其陰道壁有數層，愛液儲存在內移行層、中間層，儲存量很多。不過，到了成爲老人（六十歲以上）時，這個層會變薄，因此儲存量減少。亦即年輕健康女性的陰道，就好像潮濕的海綿一樣，而老人的陰道就有如乾燥的海綿。

Q12　從何處開始愛撫，才能夠取悅於女性？

A12　愛撫的基本，最好從三個部位同時進行。最初，一邊接吻一邊撫摸頭髮，愛撫乳房，但是不要急著結合，要多花一點時間加深愛意，然後再進行結合。

Q13　該如何攻擊G點呢？

A13　G點（陰道的淺部，也就是陰蒂小莖部與陰道的結合點）的刺激，採用後背位，比正常位更容易得到。

Q14　據說「金冷法」能夠提升精力，是眞的嗎？

A14　睪丸的溫度比體溫低一～二度較好。因此，要冷水澆淋睪丸的「金冷法」，的確具有增強精力的效果。（也可以用水管用力沖）泡澆時，澆淋冷水，再將睪丸泡在溫水中揉搓五十下，每次泡澡時反覆進行三次，的確能夠提升勃起力。

Q15 何種體位能夠確實維持ＳＥＸ的精力呢？

A15 正常位最好。

正常位是所有體位的基本，而且具備了人類這種動物表現情愛的條件。雙方能夠互相看到對方的臉，且能夠享受肉體之美，能接觸到甘美的部分。就進行性行爲而言，是人類所發現的最佳體位。

Q16 如何做才能夠使冷感症的她有所感覺呢？

A16 所有的男性都認爲，只要陰莖插入陰道，女性就有所感覺，這是錯誤的想法。光是經由性交而達到高潮的女性，只占全體的二十～三十％，剩下的七十～八十％的女性，必須要對其陰蒂進行刺激。陰道的深處非常鈍感，雖然陰莖插入陰道，陰道也有所感覺，可是如果想要達到高潮的話，同時要刺激女性的陰蒂。

3

鍛鍊強健的性能力吧！

●必須了解的SEX

※逐漸枯萎的中高年齡層

「我還年輕！」很多人都會自吹自擂，但是有很多老朋友還是會對於逐漸衰老的性感到煩惱與不安。只是有時礙於場合，不便討論性的問題。

前面也提及，男性不論到了何種年齡，都希望自己能夠擁有強健的性能力。但是，我們不妨暗自偷窺老年人在廁所小解的情形。

能夠順暢地排尿，表示還有元氣；如果滴滴答答的，表示性能力也有問題了，即使外表看起來再努力的中高年齡層，也能夠了解其性能力衰弱。

以下的人必須要注意了——

①肌膚失去光澤。

②眼神無力。

③前傾走路。

這些人對於工作絕對缺乏幹勁。相反的，過了四十歲以後，肌膚光鮮亮麗的中高年齡的男性，不僅是精力，連工作都很順暢。

我有一位七十歲的男性朋友，經過了二十年，終於恢復男性的功能，身心變得活潑，完全判若兩人。這位老人每天規律地攝取我所推薦的健康菜單以及調整基礎體力的強壯食品，得到成果，心滿意足，很自豪地認爲自己仍然是個男子漢。

這些強精、強壯食品，不是用來治療疾病的藥物，是改善體質的食品，把它想成是創造基礎體力的營養，那就沒錯了。

本章所敘述的中高年齡層，是指已經結婚而有了第一個孩子、尚在工作崗位的人，具體而言，就是三十歲層到五十歲層的人。

※昨日的女性並非今日的女性

中高年齡層共通的一點，就是要了解成爲自己「敵人」的妻子。眼前的妻子似乎與昔日的妻子完全不同。

戰後，可能是拜民主主義之賜吧！迎向成熟期的中高年齡女性被稱爲女強人。

當然，他們所生下的年輕女兒也不輸給母親。第二代女強人也占據了這個社會。

中高年齡層女性，沒什麼事情好畏懼的，不論是家事或工作，即使面對社會上的性別差距，也能夠勇敢地面對挑戰，這種力量與能量，的確壓倒男性。其結果，在床上成爲凌駕於男性之上的時代了。總之，已經捨棄了新婚時的羞澀心，成爲能夠謳歌女性的妻子，即使關於性方面，也不會保持沈默。

從氾濫的大衆傳播媒體的性情報之中，選擇一些好的報導，開始建立適合自己的性。爲了對應女性對於性想法的改變，男性也必須要改變自己的想法了。以往以自私自利的男性本位爲主的性行爲，現在已經不適用了，因爲女性有「離婚」這張王牌。

三十歲層是決定人生的重大時期。對於男性而言，同期畢業的人，有的人可能已經當課長、股長，能夠踏上出人頭地的道路。

不願意輸給他人，爲了心愛的家庭，一定要努力出人頭地，希望能夠在公司有所表現。而這個時期，孩子可能就讀幼稚園或小學，也可能已經生下次子了，結果不能一直埋首於工作中，慢慢地脫離了出人頭地的道路，這是一般上班族的情形。

另一方面，妻子的想法則是，如果丈夫想要出人頭地的希望變淡，則希望一家人能夠脫離這個狹隘的社區生活，變更目標，搬到郊外地區去住……。

如此一來，丈夫的腦海中充滿壓力，根本無心想要做愛；而擁有目標的妻子，變得更像一個女強人，巧妙地在教育子女的夾縫中求生存。

——男性當然會舉手投降。

一定要努力度過這段時期。

※三十歲層是女性最美的時期

如果說男性臉部的履歷表從四十歲開始，則女性從三十歲開始。

三十歲層是女性最美的時期，生完孩子後，身體擁有圓潤的曲線，瀰漫成熟的女人香。不再是專門做家事的機器人了，在養兒育女方面，過著充實的每一天。嬰兒逐漸地長大，終於能夠帶他們到公園遊玩了。

孩子們在公園自己玩，而一些母親們則會開始談論自己的丈夫。因爲還有愛及期待，因此覺得自己的丈夫比其他人的丈夫來得更好。

這時候也許購買了房子，希望自己成爲討好丈夫的女人。

這就是三十歲的女性，但是如果走錯一步，也會變成牢騷滿腹的三十歲層的女性。

※海狗博士的煩惱諮詢

問題（Q）

糟糕了，陰莖無法勃起。

答（A）

重要的男性象徵無法發揮作用，是不良品。因此慌張地前來商量。從大學生到老年人，一天約有十～二十個人前來求助。

自稱爲海狗博士的我，一定會讓你們恢復元氣的。交給我吧！就從找尋性的煩惱的原因開始著手。

煩惱的人，可能已經展現了一些行動。例如提起勇氣前往醫院或藥局，但這種掉以輕心的作法，非但無法治好，反而會加深傷害，但是販賣的藥物，也不能夠安心地服用，實在是無計可施，最後才前來向我求救。

我會仔細聆聽這些人所說的話，去除其精神煩惱，同時，還要注意爲了恢復陰莖的正常功能，必須促進血液循環，增產精液。

爲了促進陰莖的血液循環，增產精液，需要多吃含有EPA（沙丁魚、鯖魚、鰺魚等）的食物，以及攝取鋅、鐵、鎂等礦物質系列的營養素（牡蠣、文蛤、魚貝類、黃綠色蔬菜等）。這些在平常飲食中難以攝取的營養素，只要積極地攝取，就能夠恢復陰莖的勃起力，成爲眞正強精、強壯的男子。

因此，絕對不要依賴暫時性的藥物。

問題（Q）

生下第二個孩子，丈夫說我的陰道變鬆弛了。

答（A）

因爲生產而陰道裂開，縫合時會縮小，因此不會鬆弛。可能是丈夫的心理問題吧！如是感覺鬆弛的話，可以鍛鍊以8字的形態圍繞在性器周圍的陰道括約肌。

鍛鍊方法如下：

※教導創造名器的方法

因爲生產而覺得性器鬆弛的主婦，只要每天稍加地努力，就能夠使妳的性器變成名器。並不困難，不妨一試「秋好式・女性性器鍛鍊法」。

①**緊縮肛門**。

②**緊縮尿道**。

③**反覆進行蹲踞的姿勢**。

④雙膝靠攏蹲下。

⑤臀部貼地，膝間夾著坐墊，反覆開閉脚。

⑥臀部貼地，膝裏著橡皮筋，反覆開閉脚（蹲踞是指相撲時，利用腳尖的力量放下腰、膝張開的狀態）。

※四十歲層的性

在孩子接受考試的時期，夫妻間的性行爲變得更愼重了。在面對青春期的兒子或女兒時，很難進行性行爲。這時，男主人會向外尋求發洩。因此，這段期間會因爲其他女性的介入而產生很多的煩惱。

妻子認爲這時候已經可以淸楚看出丈夫出人頭地的情形，以往不想說的話，現在都會一吐爲快了，而丈夫也會因爲妻子的話而感到煩惱。

古人有云，四十而不惑，但是現在四十歲層的人士，都有煩惱。看到力量日漸強大的妻子，以及在旁附和的女兒，連自以爲是同志的兒子都會嘲笑自己，根本無法進行性行爲。

感嘆之餘，就會借酒消愁。這是戰前中高年齡層的寫照。現在工作旺盛的中高年齡

《成為名器的方法》

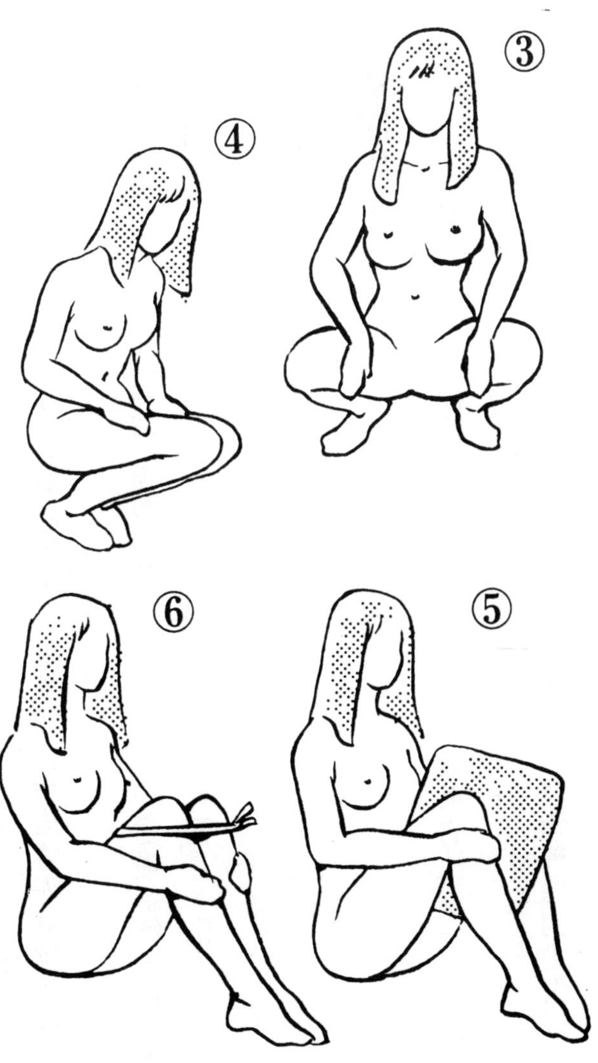

層，則會遇到強力的援軍，就是年紀可以當自己女兒的妙齡少女。

有會捨棄自己的神，也會有救助自己的神。中高年齡層的人，只要有錢，就會表現得很瀟灑，和在家中的情形不同，不論到哪裡，都受歡迎，最後變得喜歡在外遊戲人間。

婚外情或風流是人重新拾回已經遺忘的青春妙藥，得不到的愛最新鮮，會湧現一種興奮的想法。對男性而言，好像第二次失去童貞一樣；對於女性而言，則可能是失去第幾次的處女。

不過，我認爲危險的愛，還是早點遠離較好。

※麥迪遜橋開始了

回家以後，必須要進行無趣的性行爲，只是插入就草草結束的性行爲，不但無法讓妻子產生快感，反而會感到疼痛。因爲覺得無聊，而不想進行性行爲。

最後連妻子也向外發展，參加學校的同學會、才藝班，有機會遇到丈夫以外的男性，雙方展開密切的交往。如果能夠像麥迪遜橋一樣瀟灑的分手還不錯，不過，實際上在國內不容易這麼做。大家都偷偷地在外風流，最後步入地獄。

※海狗博士的煩惱諮詢

問題（Q）

一旦插入時就會萎縮，是不是陽萎呢？

答（A）

這是最普遍的例子，對男性而言，會造成重要的自信喪失，不過，實際上只是因爲過於擔心所致。男人不可能一直勃起。

※陽萎的原因

男性陰莖無法勃起的現象，稱爲陽萎——也稱爲勃起障礙。

可以考慮的原因如下：

①糖尿病造成的。

②大腦向勃起中樞神經傳達的機能減退（喝得爛醉時或老人痴呆症等）。

③缺乏必要的營養素以及血液循環障礙造成不能勃起。

④由於精神不穩定而導致陽萎（壓力造成精神不穩定）。

⑤外在因素造成陽萎（金融不安、社會不安等）。

相信各位已經了解了吧！

不只是中高年齡層，連青年層也出現陽萎蔓延的情形。陰莖無法勃起，會失去男性最大的快樂。因此不能夠等閒視之，甚至連性格都可能會扭曲。

要去看醫師，或接受專家的諮詢，找出原因，恢復勃起力。但是在此之前，請先考慮我所想出的「秋好式・消除陽萎十條辦法」。

※消除陽萎十條辦法

爲各位說明一下「秋好式・消除陽萎十條辦法」。

①肛門會陰按摩

這是職業的妓女會採取的方法。刺激此處，就能夠迅速勃起。

肛門與性器的中間稱爲會陰，因爲能夠給予促進勃起的交換神經活力，所以容易勃起。

②睪丸冷卻法（金冷法）

使用稍微熱一點的水，讓睪丸浸泡其中，然後再澆淋冷水，交互進行十五～二十次，就能夠刺激睪丸，容易勃起。

③眞向法（肛門括約肌運動法）

瑜伽的一種，腳在地氈上伸直坐下，雙手貼在雙腳旁，上身向前彎曲，這時肛門同時用力。一天進行十次以上，大約一週，就能夠消除陽萎。

④握睪丸法

握睪丸，使男性荷爾蒙旺盛地分泌。在泡澡時壓迫睪丸，徒手用力包住睪丸，一、二、三握住，然後啪地放開。單側各進行二十次，交互進行，晚上一定會很快樂。

⑤寢室更新法

更換床單、床罩等寢具，以及窗簾，照明變成粉紅色，枕邊灑些香水也不錯。利用一些能夠提升氣氛的音樂，上床之前，喝點葡萄酒，讓夫妻的心情煥然一新也不錯。

⑥早晨勃起利用法

在早晨尿意強烈時，由於尿道刺激輸精管而勃起，這就是所謂的早晨勃起。有陽萎傾向的人，可利用這一種現象來消除症狀。

⑦踮起脚尖排尿法

不論大小解，踮起腳尖來進行，這是漢方所謂能夠提高精力、鍛鍊腎臟的方法，同時也能使勃起中樞變得敏感。持續十天，就能夠恢復自信。

⑧後仰式操體法

雙手繞到背後合掌，保持這個狀態，上身後仰，最低要後仰三十度以上。一天進行十次以上，持續十天，就能夠使精力慢慢復原。

⑨牙膏水逆流法

將牙膏水塗抹在陰莖上，容易勃起。

可以自行塗抹，或請伴侶以口交的方式吹入尿道，如此更具效果。

⑩強精食品使用法

吃蛇膽、鼈、海狗的肌肉，強精植物等。具有很好的勃起效果。

※男人要滿足下方或上方的口

覺得如何呢？事實勝於雄辯。你就當作被騙好了。實行之後，治好陽萎，就能夠滿

《陽萎消除法》

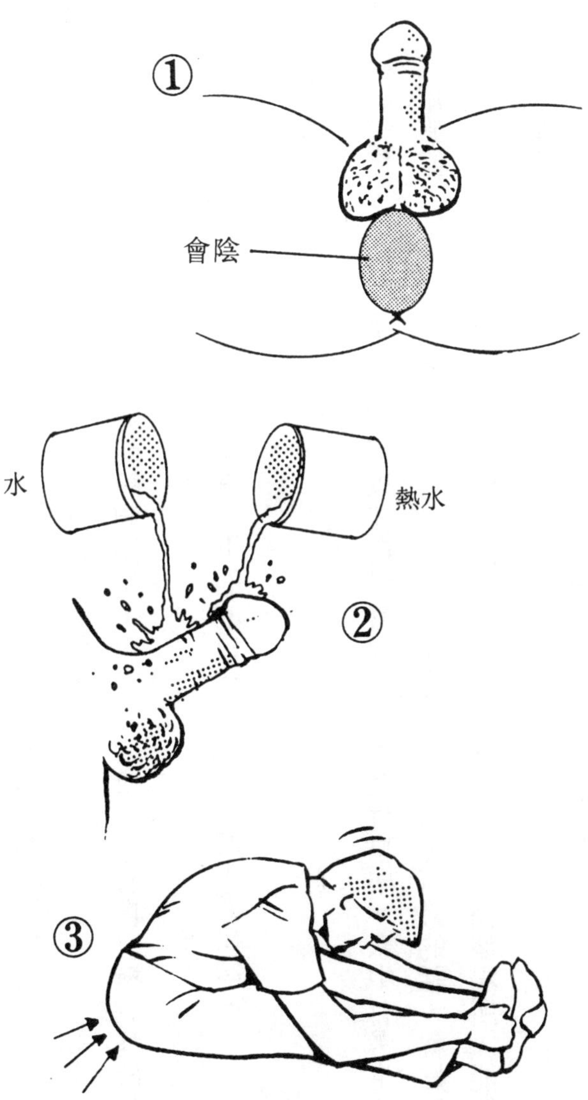

足妻子了。

就算治好了，如果妻子又是一臉的不滿時，那麼，我就把仙人的話送給你吧！

「只要能夠滿足上方或下方的口，女人就會一直跟著你。」

上面的口是爲了進食，亦即用金錢就能夠滿足；而下面的口，只有自己擁有強健的性能力，才能夠讓女性得到滿足。

身爲海狗博士的我，爲各位列舉能夠滿足下面的口（性行爲）的幾個秘法。

①換個場所進行性行爲

中高年齡層有錢，不論到哪兒，都可以在自己喜歡的場所進行享樂。家中有考生的夫妻，可以利用旅館，或進行二度蜜月。可以到巴黎、倫敦、紐約，有錢的話，就好像『羅馬假期』或『慕情』中的劇情一樣浪漫。這些並不是夢想，總之，換個場所，能夠讓自己展現更大膽的行動。

某一本書記載了這一類愉快的話題。能更換場所的話，就能夠更換體位。

在新幾內亞島北部的特洛普里康特諸島的居民，生活在母系的社會上，也就是說婚姻或性生活對於女性造成非常強烈的影響。他們根本就不喜歡歐洲人的性體位，甚至輕視，理由如下：

❶不喜歡男人在上面壓迫女人。

❷太快達到高潮。

❸必須要花更長的時間進行。

❹在男人的精液和女人的分泌液沒有完全混合之前，不能夠停止擁抱。

如何，覺得很詫異吧！妳們可以到新幾內亞去，兩個人嘗試一下。

②成熟的性技巧

與年輕人的性行為相比，中高年齡層的性行為更為熟練。性的一致，再加上經濟力的一致，當然是最大的樂事。

子女迎向青春期，在家中無法進行親密的性行為，一不小心，發出呻吟聲，讓子女聽到，那可就麻煩了。

這時，大家想到的，就是去旅館，在那兒可以放聲大叫。定期上旅館的樂趣，能使雙方的性行為變得更大膽，連不能做的事情都能夠做，的確非常的刺激。

接下來為各位探討能夠在旅館進行，也是大家都會感興趣的69體位。

在性的四十八手中給予它一個風流的名稱，稱爲「向鳥」，現在則稱爲69。

亦即以數字69的姿勢互相擁抱，攤開在眼前的，則是對方的性器，雙方可用手或口來愛撫，這就是69的秘訣。

69可以增進相愛兩人的性的適應度，具有使兩人在性方面更爲協調的效力，因此並不存在倒錯或墮落的想法。

但是，因爲是接觸、舔弄對方的性器，在還沒有到達這個地步之前會產生一種嫌惡感。所以不要勉強，要待時機成熟時再進行。

也許有的人認爲69是動物的作法，但是動物中卻沒有69的體位。

此外，也要注意清潔，而且要了解性器多少會夾雜一些味道。

還有一個注意點，因爲性器具有自淨作用，所以比身體的任何部位都清潔。

即使不小心吞下精液，雖然很苦，但是對身體無害，不用擔心。

根據某位漢方醫師的診斷，發現女性的愛液略帶酸味，這表示女性的體力充實，性方面也能夠得到滿足。相反的，如果略帶甜味，表示女性非常的疲勞。在此時期，即使男性再努力，女性也很難燃燒熱情。

和我的經驗有一些不同，眞僞如何，只好自行一試了。

③使用器具的技巧

我對於自己的身體有自信，因此，原則上不喜歡進行使用器具的性行爲。通常，性行爲是在雙方的同意下進行的，因此，要使用振動器等也無妨，不過，我認爲這些器具無法勝過自己的力量。

想要使用器具的人，詳情可參考專家們所寫的指導書籍。

④利用強精劑提升程度

包括我的經驗在內，爲各位披露一些秘法。但是，有的人卻會覺得自己體力不繼而感到苦惱。

我建議這些人使用一些強精、強壯食品。只要使用之後，就能夠使樂趣倍增。鼈、眼鏡蛇、海狗、蜂王漿等都是。一般稱其爲強精劑。但是我爲了讓大家能夠熟悉、而且每天攝取，因此，我將其稱爲強精、強壯食品。

以上爲各位敘述四種方法，相信這樣就能夠使得女性下方的口得到滿足了吧！兩個人配合興趣，下一些創意工夫，打破一成不變的性行爲，一定會有一些新的發現。

※女性最豔麗的四十歲層

丈夫出人頭地，完成生兒育女的工作，已存餘暇，能夠再度步入社會。自己還被視為是一個成熟的女人嗎？會產生一種自信和不安，表情瀰漫著危險的色香。四十歲，充滿成熟女性美的主婦，會讓年輕人嚮往。與嚕嗦的丈夫相比，對於仰慕自己的年輕人的積極追求，也許會怦然心動，必須小心地再度步入社會。

這個時期的女性，會突然地覺醒，就好像是停經前盛開的花朵一般，這是女性的本能。但是在這個時期，似乎也開始看到自己老後的樣子而心中自我反省。

——我想妳所想的人生，應該不是這種人生吧！要這樣一直下去，還是離婚重新來過呢？我還很年輕呢！還有本錢一較長短。

——這就是所謂的成熟期離婚的情形。

對女性而言，這是一個人生八十五年的時代，四十五歲再出發，也還有四十年的人生，因此也許不會很擔心。但是，和妳一路走過來的丈夫，如果對於人生已經做好再出發的準備的話，那麼事情就簡單了。

要在這個時期度過危機，只能夠利用——愛。我這麼說，妳可不要氣得把這本書給撕了。對於這個時期的妻子們，我想說的，就是「愛」這個字，各位一定要記住。

總之，大部分的女性到了這個時期，已經從丈夫的大男人主義的控制中解放出來，能夠直視現實。因此，四十歲層的女性非常的豔麗，是做丈夫所無法匹敵的。

但是，做丈夫的還是要努力，明確地表達自己愛的語言。在結婚二十五周年時，送她一顆鑽石也不錯。

※光靠愛無法生存

接著，爲各位介紹已經脫離出人頭地之路的丈夫再生法。

如果丈夫仍然想要恢復像昔日一般的雄風，則還是需要仰賴「賢內助的幫忙」。賢內助的幫忙，以現代版來說，就是全家人的互助合作。被視爲垃圾的丈夫，對家人而言，是阻礙者，爲了使其再生，一定要做以下的努力：

一、不要阻礙丈夫的行爲，讓他成爲家族的中心，再度君臨天下。

二、讓丈夫的精力不要對著妻子，而朝著新的工作邁進。

三、家人一定要了解丈夫工作上的才能，對其人性給予好的評價。

如果在工作和家庭方面都很順利，則夜晚的性生活當然也會很順利。

※海狗博士的煩惱諮詢

問題（Q）

妻子告知有G點的存在，在女性性器的何處呢？可以摸得到嗎？

答（A）

當然是在女性性器的陰道內，可以摸得到的G點——德國的醫師艾倫斯特·格雷芬貝爾克在一九四四年發現的，發現它是存在女性性器內距離陰道口五公分深處的陰道前壁的組織內，強烈地刺激此處，就能夠達到高潮。

※如果不使用，則名刀也會生鏽

過了五十歲的男人，不論在性能力或精神上都逐漸步入老態。如此一來，即使是名刀（陰莖），如果不使用，也會生鏽。不論是誰，都知道爲了健康著想，運動是必要的。那麼，爲何讓陰莖順其自然，置之不理呢？如此一來，當然會生鏽。

請嘗試我所想出的「秋好式陰莖機能強化運動」，恢復名刀時期年輕的陰莖吧！

※強化性功能訓練

過了五十歲以後，還會有什麼「強化性功能訓練」呢？也許有的人會一笑置之。但是，不要太早下定論，試一試吧！

事實勝於雄辯，配合圖解插圖，努力下工夫吧！

①首先仰躺，邊吸氣，邊抬起脖子，下顎貼於胸骨（十次）。如此就能夠強化頸部的肌肉（乳突肌），使得在喉結處的甲狀腺荷爾蒙分泌旺盛。

②其次，膝直立，手掌貼地，抬腰，利用肩膀與腳跟支撐全身。保持這個姿勢，最初做腰部的上下運動（十次），接著做腰朝左右擺動的運動（十次），然後向左繞（五次），向右繞（五次）。

看起來好像是進行性行為時女性的姿勢，但是藉此就能夠強化腰，提升持久力。

③膝伸直，只抬腰，盡量抬起肚臍下方（這時要緊縮肛門）。

藉此能夠強化勃起力，提升持久力。

④站立，完全吐氣之後，用力收縮腹部。這時，緊縮肛門，靜止十秒鐘。其次，用

《性功能強化訓練》

①

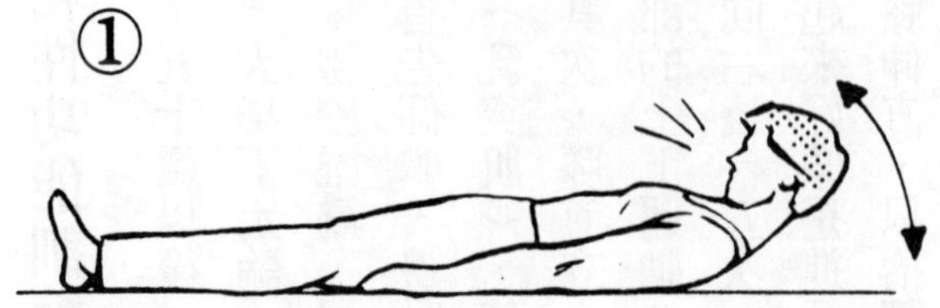

②

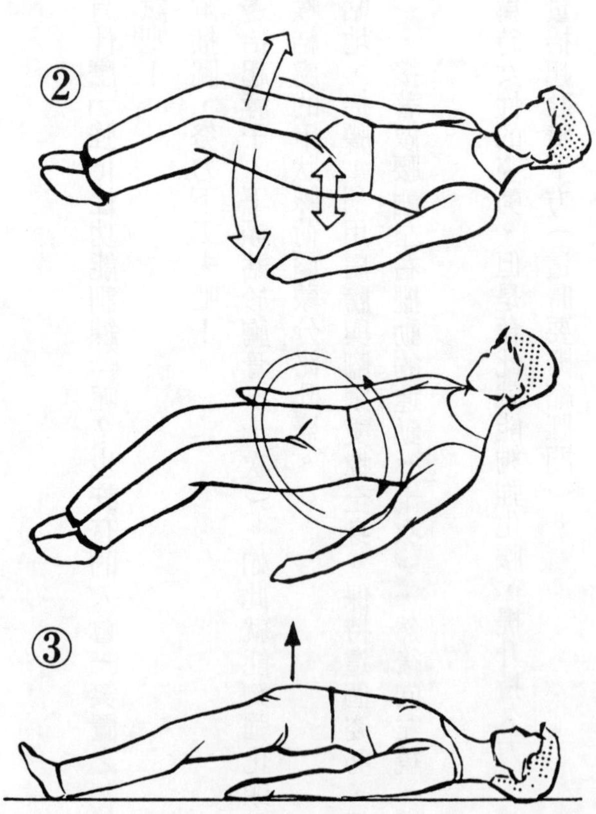

③

《性功能強化訓練》

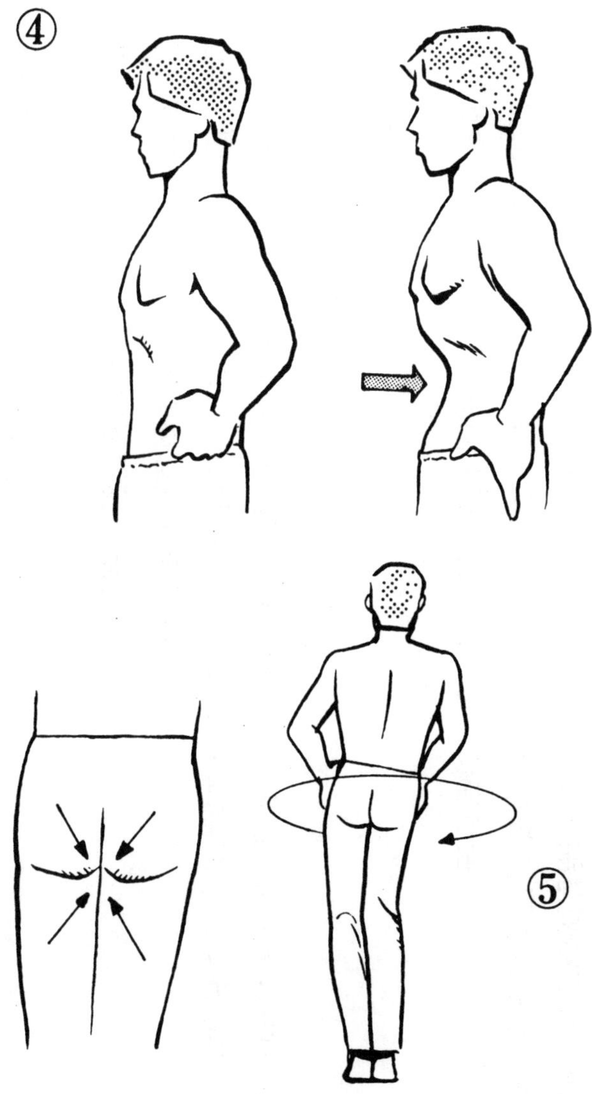

四根手指按壓左右肋骨下方，吐氣。

這個運動能夠強化肝臟與腎臟的功能。

⑤膝伸直，轉動腰（左右各五次），有助於防止早洩。

重點是，不論哪個運動，都要緊縮肛門來進行。

你認為如何呢?強化性功能的訓練並不困難吧!

這些訓練，要每天反覆地進行，不厭其煩，三個月之後，就能夠強化你的性功能。

已經遺忘的早晨勃起的現象會復甦，感覺神清氣爽。一旦復活之後，永遠也不會讓它萎縮。

※停經後的性行為

五十歲左右的女性迎向月經（生理）結束的時期。停經也稱為閉經。

在以前，認為一旦迎向停經期以後，就不再是女人了，但是現代的想法不同，從煩人的生理期及懷孕的不安中解放出來的女性，在停經之後，反而更能夠享受性愛之樂。

可能是因為營養的緣故吧!在同一時期所產生的更年期障礙，現代女性也能夠輕易地加以克服了。

如果說迎向停經期而完全沒有受到打擊，那是騙人的。任誰都會受到相當大的打擊，但是因爲還要活三十年以上，也不能夠太早放棄。比起男人年老之後發射空炮彈時的震撼而言，女性因爲經期的結束，反而覺得自己更清潔，更清爽。當然，性愛的感覺和以往完全不同。所以要思索兩人都能夠接受的方法，享受性愛之樂。

如果在這個時候停止性行爲，是非常不明智的決定。爲了防止老化，一定要進行性行爲。

※你了解金冷法嗎？

睪丸是左右一對的球狀，收藏在陰囊中。不論是誰，右邊的睪丸都比左邊更下垂、更低。這是因爲比起兩顆睪丸並排在一起而言，一邊較低的話，就較能夠保持低溫。

溫度過高時，無法製造精子，陰囊爲了使睪丸冷卻，而具有散熱器的作用。

鍛鍊睪丸的方法，是自古留傳下來的金冷法，能夠冷卻、強化睪丸，提升精力。在本章的前半部，已經簡單說明過了，在此，更簡單地說明一下。

金冷法，就是先用淋浴的水冷卻睪丸三十秒左右。然後再用四十二度左右的溫水（可以使用洗臉盆）溫熱睪丸。

交互進行十次，每天反覆進行，很快地，你就會發現睪丸慢慢地強硬了。

正確地持續下去，才能夠成爲力量。

※海狗博士的煩惱諮詢

問題（Q）　眞的有名器存在嗎？

答（A）　經常聽人這麼說，也許有，也許沒有。不過，古代人想出來的有趣排名，至今仍然殘留著。項目，則以名器的男性篇、女性篇來爲各位說明。

※名器考／男性篇

男性性器的排名是**一麩**、**二雁**、**三反**、**四傘**、**五赤銅**、**六白**、**七木**、**八粗**、**九長**、**十小**。這到底表示什麼，也許各位十分的迷惑，現在就從第一名開始解說吧！

①**一麩**的麩，就是指食物的麩。

麩加水之後會變得柔軟，乾了以後就會變硬。意思是說，能夠在女性的性器中自由自在地變化。

②**二雁**是指雁高。

雁高是龜頭的異名，龜頭挺立時，好像雁子振翔的姿態。亦即是龜頭膨脹變大的樣子。

③**三反**是指上反，別名尺八反。

④**四傘**是指龜頭的頸管部突然變粗，好像松茸的傘張開的樣子。

⑤**五赤銅**，表示看起來是很強壯的顏色。

⑥**六白**指的是看起來泛白，很高級的樣子。

⑦**七木**是指像木頭一樣的陰莖，容易插入，容易握，有如棒子一般。

⑧**八粗**，既然粗，怎麼會排在這麼後面呢？也許各位很難想像，但是名器與粗細無關。

⑨**九長**，陰莖較長，爲什麼不好呢？也許有的人會感到百思不解。

但是，太長會給女性造成困擾。

⑩**十小**，這是指包莖，亦即包皮覆蓋龜頭的狀態。

現在可利用手術治好，不用擔心。

※名器考／女性篇

繼男性篇之後，在此叙述一下女性篇名器的排名。

一高、二饅頭、三蛤（文蛤）、四章魚、五雷、六洗濯、七錢包、八寬、九下、十臭。

很明顯的，這是男性對女性性器的想像，而形成的排名。尤其像章魚、錢包等想像，會讓人聯想到包緊或吸著男性的性器。

①**一高**，是指女性性器的位置高。

女性性器位置高，陰蒂接觸到男性的根部，兩者都能夠享受到快感，因此被排名爲第一。

②**饅頭**，看起來賞心悅目的打開饅頭的狀態。

別名土手高，膨鬆柔軟，好像能夠熱情迎接男性的感覺。

③**蛤**，是指女性性器小陰唇的部分好像蛤一般，偷偷探出頭來的狀態。到底是如何吐水的呢？會吸引男性的心理，使男性賞心悅目。

④**章魚**，前面已經說明過了。

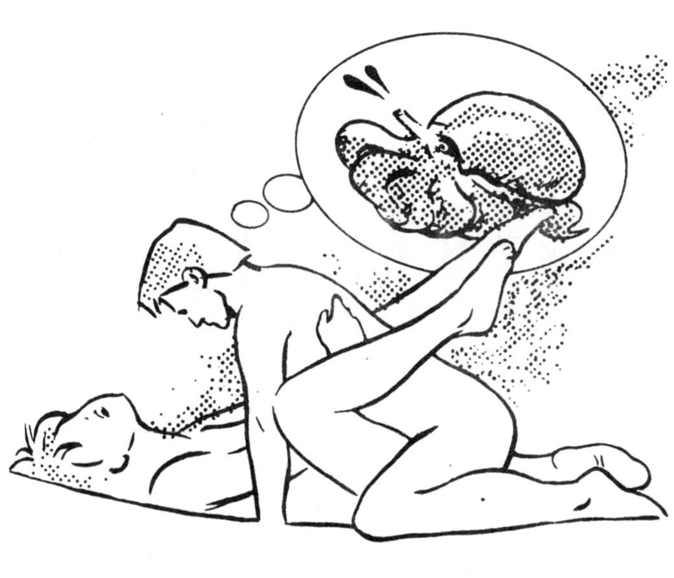

這只是基於男性方面的體驗而有的表現，當然，也加入一些想像在裡面。

⑤**五雷**，這是指女性達到高潮發出的呻吟聲。關於這一點，衆說紛紜，有的人說是空氣流入時發出的聲音，有的人說是女性愛液流出時所發出的聲音。

⑥**六洗濯**，陰道粘液很濃，大量流出，好像洗濯男性的性器一般。

以前的洗濯，是把盆子放在兩膝之間，蹲下來用手洗。當然，女性的陰部也會張開，因而產生這種聯想吧！

⑦**七錢包**，以前的人隨身攜帶一個小錢包。小錢包有帶子，一旦開口時，就可以拉緊帶子封口。是指女性性器包住男性性器的樣子。

⑧**八寬**，指女性陰道口較寬的樣子。

如果是較小的陰莖，則在較寬的女性性器中，感覺好像游泳一般，但是事實上，陰道內部能夠配合陰莖的大小，所以不用擔心。

⑨九下，是與一高相反，表示朝下的意思。

排名第九，予人不良的印象。不過，國內的女性幾乎都是這種情形。

⑩十臭，是指性器臭的意思。

以前認爲性器有如狐臭一般。

以上就是女性性器的十大排名。

而排名最後一名的帶有臭味的性器，應該不會出現在現代女性的身上，但是，還是要保持性器的乾淨，以免讓男性怯步。

不過，並沒有完全不散發出氣味的性器，像西方的詩中，將女性性器的氣味比喻爲乾草的氣味或皮革的氣味。

此外，據說拿破崙的妻子約瑟芬在他的鼻頭放一塊乳酪，拿破崙在說夢話的時候，還叫著「約瑟芬夠了」，而將臉別過去。這也是有名的傳說。

4

保持青春的秘訣

●必須了解的SEX

※還是擔心他人的性

年輕人的性，會擔心他人的性，即使是高齡者，也會擔心他人的性。

並不是說陰莖的大小、包莖、早洩等，而是隨著精力的衰退，無法勃起，令人感到不安。同一輩的人，大家是否都還精力絕倫呢？很擔心他人的性能力，如果還是精力絕倫的話，希望他們能夠告知秘訣。

根據我的調查統計，發現六十歲一個月進行一次以上性行爲的人占整體的四十％。一年進行一次～十次的人超過五十％。八十歲以上，四人中有一人一個月進行一次以上的性行爲。

對象幾乎都是配偶，而女性方面也出現同樣的數字。但是，如果沒有配偶的女性，大約將近百分之百都沒有性行爲。

要過著滿意的老後生活，一定要和衰老好好地相處。

壽命不斷地延伸，這是醫療的進步及飲食生活所造成的。不僅如此，在精神面也要靠自己多努力，保持年輕的心境。

但是，就算覺得自己很年輕，可是下面的毛卻摻雜著白毛，勃起力降低，射精感覺好像漏出似的，這時就需要注意了。開始懷念起能夠強力射精的日子了。

我希望在這種時候各位能夠利用勃起角度來調查自己的元氣，有的人還不了解，在此說明依年代別了解勃起力（角度）的簡單方法。

將自己的一隻手攤開直放，拇指代表十歲層，食指代表二十歲層，中指代表三十歲層，無名指代表四十歲層，小指代表五十歲層以上。

隨著年齡的增長，勃起的陰莖角度會逐漸朝下。但是這只是一個大致的標準，像國人平均都高出水準以上。

此外，也有很多種利用陰莖知道年齡的方法。例如，調查男性從受到外部的刺激開始，到出現勃起爲止所需時間，結果如下：

- 十歲層——二～三秒。
- 二十歲層——二～四秒。
- 三十歲層——三～五秒。
- 四十歲層——四～六秒。
- 五十歲層——九～十五秒。
- 六十歲層以後——十五秒以上。

雖然是很殘酷的表現，但是隨著年齡的增長，即使受到性的刺激，反應仍然遲鈍。畢竟已經充分使用過了，也是無可奈何之事。

——啊！還是沒有其他方法嗎……。

感嘆之餘，首先要了解的是，不要把老後的性只投注在陰莖上，必須享受心靈交流之樂。女性更應該是如此。五十歲左右迎向停經期之後，能夠享受到快樂的性已經不存在了。老後，必須要以精神的性爲目標。

遺憾的是，如果丈夫還具有勃起力，要求妳進行性交，那還不錯。也許妳會覺得很無趣，不過，隨著年齡的增長，性的不協調會產生問題。由此可知，人的一生中就是在這些問題之上互相摩擦。

※性沒有枯木期

對於老人持續敘述一些較殘酷的數字，但是，本質上我也是老人的同志。爲什麼我說是殘酷呢？因爲退休之後，不希望自己變得衰老，希望能夠再度向老後的人生挑戰。

當然，在性方面也必須要擁有足夠的精力。不光是採取守勢的老後生活，而必須還要對自己的愛人採取攻勢的老後生活，否則老後的生活毫無意義。只是等待枯萎的老後生活沒有任何的意義，精液枯槁，那只是肉體的問題，精神上的性並沒有枯萎。

自覺到衰老，還必須要再進行性生活，不論在體力或技巧上，當然與年輕時不同，但是，要重新研究老後的性，確立適合自己的性生活。

接近平均壽命的高年齡者的性行動的背後，除了孤獨感和自我存在感淡薄之外，還有焦躁感。考慮到老了以後死亡等問題。自己還是男人或女人的自覺，能夠讓大家都有一種充實感。

今後的老齡化社會，會擁有一些以往不曾有過的經驗，對任何事情都是在暗中摸索的狀態下。這些都是今後必須要考慮的問題。

邁向二十一世紀，五人中有一人就是老人。關於性方面，我們要重新再考慮。

「人類隨著年齡的增長，任誰性慾都會減退。」我認爲應該要改變這種想法。因爲即使性慾減退，但是性慾並沒有消失。

隨著年齡的增長，認爲自己與性完全無關的老公公、老婆婆，甚至根本沒有考慮到進行性行爲。可是，不論活到幾歲，男女都有性。女性即使停經後，仍然是女性，即使陰莖無法勃起，到死爲止，男性還是男性。

我所認識的一位老人之家的院長，經常這麼說：

——對高齡者來說，性仍然很重要，不一定要進行性交，但是只要牽牽手，就能夠擁有生存的喜悅。

法國的波瓦爾女士，在其著書中也說：

——高齡者多半要求間接的滿足。

我同意這種說法。人類到死為止，與性都密不可分，因此要想出各種的樂趣。從年輕時間接的性，到老年人沒有性交的柏拉圖式的性，是永遠不滅的。

隨著高齡化社會的到來，必須認眞處理性的問題之時刻也到來了。

最近，對於工作狂熱的上班族，到了老後，似乎失去了生存的意義，而容易罹患痴呆症或老人性鬱病、酒精依賴症。

我前往收集資料的H先生，是一流企業的總經理，退休之後，擁有愛唱民謠的興趣，被年輕（應該說是中年）的女性包圍，過著快樂的每一天。

H先生保持青春的秘訣如下：

①和年輕人在一起享受快樂。

②經常擔心的老人會造成損失。

④應該卸下社會的重擔。

我問他③是什麼呢？H先生笑著回答說，不要擔心自己是個粗大的垃圾，建議我要多學習民謠，多唱唱歌。

※男子一生高潮的次數

也許我的問題問得很突然。不過，你想，健康男性一生中到底會有幾次高潮的經驗呢？年輕人自己計算出來的。從第一次手淫的經驗開始，幾乎每天射精的話，一年以三百六十五天來計算的話……。

不！不！我說的是經由「性交」達到的高潮。當我這麼問的時候，年輕人似乎都不了解了。請看以下的資料。

一般而言，健康人在三十年～四十年的性生活中，大約有三千次～四千次的高潮經驗，一年爲一百～一百三十次。

——這是以三天達到一次高潮來計算的。

這是年輕人和成熟男子的情形。如果高齡者這麼做的話，也許會認爲自己可能還剩下一千次，其實不然。

——你有幾次呢？

當然，這也具有個人差異，不過，你要了解到，不要讓自己太快就枯竭了。三天一次的次數，似乎是太過勉強了。雖是這麼說，然而你的腦海中可能又在想自己還可以嘗試一百次吧！

這個數字，對於一些頑固的高齡者而言，恐怕無法接受。接下來就叙述一些高齡者的經驗談，繼續本章的內容吧！

先探討高齡者（老人）恢復年輕的性愛之樂。

※聞年輕女性的體臭

八十三歲的A先生前來諮詢，身體健康、精力過人。

A先生從事木工的工作，還不想要退休呢！

很多人退休後整天待在家中，結果罹患痴呆。而A先生則完全不同，工作結束後，會打扮入時，加入年輕人的行列中，和他們喝酒，成爲人生的經驗者，和很多年輕人交談。

臉色好看、笑聲爽朗，好像八十三歲的年輕人一樣。

我看到A先生非常有元氣，覺得很不可思議。於是單刀直入地詢問他。

A先生似乎有些不好意思，悄悄地豎起小指，回答說：

「還是可以的。」

正如我所想的，於是我點了點頭。A先生又說：

「需要聞年輕女孩的體臭。聽年輕女孩的聲音也可以。在這種聲音中，我就知道自己擁有了元氣，心花怒放。」

爲了防止老化，要聞年輕女子的體臭，要聽年輕女子的聲音。

這就是A先生的秘招。大家也不要覺得難爲情，像A先生一樣，加入年輕人的行列中吧！相信你一定會有所發現的。

※性完全衰退的日子

錢是生不帶來死不帶去的，所以該花的時候就花吧！這是B先生的告白。不過，他也附帶說明，使用過度，可能連葬身之地也沒有。的確是一位與衆不同的人。

B先生已經是隱居之身，但是他認爲老人不可以穿廉價拍賣品。因爲這樣會顯得老邁與寒酸，一定要穿高級的衣物。

個性率直的B先生，在以前還有性的煩惱。儘管年輕的老板娘熱情地服務，但是他重要的象徵卻無法勃起，因此非常的煩惱。

某日，他來找我。當然，忠實地接受我的指導，利用強化食品與強精食品改善體質。他開始打扮自己，最近，在餐廳或卡拉ＯＫ店，深受年輕女性的喜愛，過著快樂的隱居生活。

「B先生，你有沒有想過完全不行的日子呢？」我故意問他。

「啊！有的，那時候，我就會使用身體的五感來享受性愛之樂。」

「你所謂的五感，是如何進行的呢？」

「看女性好像看花一般，眼神中出現愛意，用手去觸摸，聽她的聲音，聞她的味道。」

看到我一臉訝異的表情，他說：

「你到百貨公司去看看，到處都是年輕的女孩，請她們爲你挑選襯衫、領帶，向她們說謝謝，和她們握手，這不是很棒的事情嗎？即使不買東西，也可以握手哦！」

B先生又說：

「靜下心來看看四周，就會發現到已經準備好了人類所需要的東西。」

「……」

「我身邊有一個已經交往了十年的女孩，好像戀人一樣，眞是太快樂了。」

他同時也敎導我利用陰毛來測量女性感度的方法。

我對於這位前輩，眞是佩服得五體投地。

在此，就將我當時學到的利用陰毛來測量女性感度的方法，告訴各位吧！

※利用陰毛了解女性的感度

「陰毛」的意義，很難用文字來表現，畢竟性的語句用文字來叙述的話，會產生很大的差別。我幾乎無法將其輸入軟體中。

根據字典的解釋，陰毛是指長在陰部的毛。讓人覺得很無趣。

話題再回到先前B先生所言，亦即用陰毛測量女性感度的話題吧！

用濃密的毛，或是稀疏的毛，就能夠進行判斷。

•**濃密的陰毛**——熱情，會配合本能展現行動型，在戀愛方面，只要喜歡，會不惜犧牲自己的生命。對性很開放，要求熱情的性行爲。

如果毛濃密且長，則關於性方面會傾注最高度的熱情。

•**稀疏的陰毛**——理智重於感情型，戀愛方面不著重性行爲，而要求精神的結合。

非常的頑固。對於性會產生罪惡感，有冷感症的傾向。

其次，B先生告訴我看陰毛生長的形狀來加以判斷。

・**倒三角形**——一般女子較多見。擋不住氣氛與甜言蜜語。

・**菱形**——像男性的女性。在性行為方面也積極，較弱的男子抵擋不住。

・**V字形**——優柔寡斷，無法抵抗男人的誘惑，會服從男人的話。

不論是哪一種形狀，感覺膨鬆的毛較好，稀疏的陰毛，沒有男人運。

我對於這種方法唯一的疑問是，一定要脫光了衣服才看到啊！既然是陰毛，當然從外表無法看到。因此，必須要解衣才能夠了解陰毛的形狀。如果遇到菱形的女性時，到底是悲是喜，不知道會發生什麼事情。不過，或許這也算是一種性愛之樂吧！

※即使性慾減退但卻沒有消滅

即使不像B先生那樣，但是不斷追求性的人，不論到幾歲，都希望擁有強壯的精力。這種心情在先前已經敘述過了，而且非常的強烈。

以往性能力很強的人，即使現在性能力變弱，也仍然希望擁有精力。

很多高齡者前來找我商量，因為無法勃起。這是男性的恥辱，因此我必須要幫忙。

有什麼問題，盡量來找我協談好了。

在世上有各種的強精法或增強精力的食品等，如果巧妙地使用這些營養輔助食品，能夠發揮良好的效果。定期嘗試，也是不錯的方法。

——例如鼈。

鼈，似乎是強精的代表詞，其體內均衡地含有維他命、礦物質、蛋白質，同時也含有很多能夠使血液循環順暢的ＥＰＡ，不僅能夠提升性功能，也能夠使全身擁有元氣。

我認識一位年近七十歲的社長，很有元氣，血色良好，臉上看不到幾條皺紋，能夠充分彎曲關節，全身柔軟。

聲音不具有老人特有的嘶啞聲。說話條理分明，能夠挺直地站立。

我秉持著平常愛湊熱鬧的精神問他：

「你走路昂首闊步，請教你爲什麼這麼有元氣呢？」

社長對於我的問題似乎感覺有點驚訝似的，但是他卻清楚地回答我：

「因爲我的小弟弟還健在呀！」

「有什麼特別的秘訣嗎？」

「我注重食物，而且盡量活動身體，絕對不要成爲失去精力的人。」

我問社長要攝取什麼食物，他的回答都不是普通的食物。

原來他吃的食物就是髓；而活動身體方面，則是每天早上散步。對於能夠注意自己身體的人，我眞的是很佩服。關於增強體力、滋養強壯的食品，在第五章詳述。在此來說明一下高齡者散步的意義。

◉早上沐浴在陽光中，能夠增加維他命D，使骨骼強健。

◉從狹窄的地方到寬廣的地方去，能使精神得到解放。

◉藉著吸收氧的效果，使頭腦清晰。

◉走路使人情緒昂揚，心情開朗。

◉最適合高齡者的運動量。

※再度實際感覺到勃起吧！

男性何時會勃起呢？我們在此再來探討一下。

勃起，受到男性荷爾蒙的影響。年輕時，男性荷爾蒙分泌較多，年齡增長之後，分泌衰退，而男性荷爾蒙不是只有男性才有，女性也有。如果是健康的話，不論男女都會分泌。不過，隨著年齡的增長，荷爾蒙的分泌量會減少。

不論是高齡者或年輕人，勃起所需要的性刺激是相同的。如果你認爲高齡者即使看到裸體的女性也不會勃起，這種想法是錯誤的。

促進勃起的要素如下：

- 與女性接觸。
- 看女性的裸體。
- 看色情電影或錄影帶。
- 看猥褻的書籍。
- 聽猥褻的談話。

無論高齡者或年輕人，想法是相同的。這一點相信各位已經了解了。因此，如果悄悄地將年輕人房間內有關性的東西（色情書刊或錄影帶等）移到老人的房間裡，他絕對不會責怪你的。

「我們家的老爺爺呀，是個色情狂吧！」

被子孫們發現時，他們也許會這麼想。但是你可以佯裝不知，一定要努力地看色情書刊。雖然靠退休金過活，但身體還是要活動一下。

不過，最糟糕的是，可能會被媳婦發現，因此，還是要注意一下。

※滾石不生苔

這是指如果路邊的石頭滾動的話，就不會有青苔附著於其上。同樣的，性器經常使用，就不會出現退化的現象。置之不理，精子機能自然就會減退。但是，過猶不及，老人還是不要胡亂而爲。

任何事情都要適可而止，巧妙使用，不使其退化，這才是最重要的。在描述男性時，有一種專門用語，稱爲「廢退性萎縮」。簡單地說，就是不滾動的石頭長青苔了。亦即如果不使用性功能，這種功能就會衰退。就好像頭腦不使用，就會衰退，變成痴呆一樣。

看到一些與性有關的有趣話題時，很多內容能夠讓人產生會心的微笑。名刀只不過是普通的小便袋而已。昔日川柳也有這樣的描述。因此，即使年齡增長，也必須要射精。怠忽了鍛鍊，即使名刀，也會像垂掛的燈籠一般。完全沒有幫助，只不過是小便袋而已，對於昔日的名刀而言，眞是一種無情的諷刺。高齡者一定要每天鍛鍊陰莖，掃除燈籠的污名，努力恢復性功能。

我認爲「只要活著的人都有性」，即使年齡增長，還是有一些能夠恢復性功能的方法，絕對不要放棄。

※不論到幾歲都能進行性行為嗎？

很多人都認爲老人沒有性行爲，但這種想法是錯誤的。雖說隨著年齡的增長，性交的次數會減少，但是，禁止這種讓人覺得很舒服的活動，似乎是很殘酷的行爲。

以美國爲例，六十歲～六十五歲的男性，八十三％會進行性交，六十五歲～七十歲的男性，約七十％會進行性交。

雖然沒有記載在資料上，當然百分比也比較低了，但是，我想八十歲以上的男性，還是有進行性交的可能。

六十歲以上還會關心性的人超過九十％，其中感興趣的年齡爲六十五歲～七十歲。

即使不能夠性交，但是仍然希望與異性有肌膚之親。不只是性交，男女之間心靈的溝通也很重要。

在日本，根據研究者提出的報告，與他人戀愛，能夠恢復年輕，甚至能夠治好痴呆症。根據日本官府的資料顯示，七十五歲以上的男性與女性的接觸（例如喝茶或跳舞）時，最想要的是什麼？八十％的人回答是性行爲，其中的六十五％的人可以進行性行爲。

※海狗博士的煩惱諮詢

問題（Q）

老人以後也可能進行手淫嗎？

答（A）

江戶時代的貝原益軒雖說接觸但不射精，但是現在卻認爲應該接觸而且要射精。老人的手淫，當然不會產生什麼問題。不過，要考慮自己的年齡，不要每次都射精，控制一下再進行好了。

5

使精力絕倫的食物的秘密

●必須了解的SEX

※男兒要拿出元氣來！

看一些爆笑的節目，會發現當男性邀請女性到飯店去之前，最常說的話就是「什麼都不會做」。

到底是騙人的男人不好，還是被騙的女人不好，有贊成與否定兩種不同的選擇，結果大家都認爲是被騙的女人不好。可是，進入飯店以後卻什麼也不做的男人，則更是不好。聽完這句話，整個會場大爆笑。

的確如此，我也發出了會心的微笑。不過，以專門的立場來考量，這個男人可能是虛弱體質吧！現在的男女，不可能這麼純情。

——當然想做。但是在重要的時刻，陰莖卻無法勃起，的確是可悲的男人。即使女性再怎麼愛撫，一旦接觸到開口時，又萎縮了。

一天之中有十四、五個男性因爲這種問題前來找我。我既然被稱爲「救性主」，就必須要找出原因，使他們得救才行。

親自聆聽他們的煩惱，我發現陰莖無法勃起，幾乎都是精神性的。

亦即只要能夠去除精神的不安與不滿，就能夠復活。如果還是不行，就必須要從創造體力開始著手了。

注重飲食生活，創造戰勝煩惱的強壯身體，則必須借助我所研究的營養輔助食品例如一切健康的象徵，能促進體內血液循環的，就是鋅含量較多的強壯食品。

最近，國內的男性整體而言，缺乏元氣，進入飯店以後，如果不具有能夠讓女性主動投懷送抱的魅力和體力的話，則在重要的時刻也無法發揮作用。

就像久旱逢甘霖能夠使得大地開花結果一樣，年齡和元氣的根源，事實上就在於「食」。如果怠忽了正常的飲食生活，則不僅沒有精力，甚至連體調也會瓦解。

※營養均衡的基礎

我的論點是，飲食生活中以日本旅館的早餐最注重營養均衡。飯、蛋、海苔、納豆、醃漬菜、味噌湯，這些都是很一般性的食品。

到底吃什麼食物，才能夠讓人安心呢？有的人一大早就到吉野家吃牛肉飯或炸排骨，但是，請等一等。

的確，牛肉飯含有豐富的營養，但是不能夠求取營養的均衡。如果每次都吃牛肉飯，非但沒有體力，連精力都減退了。

就營養均衡的觀點來看，旅館的早餐及日本傳統的飲食（煮物類），能夠促進健康。

因爲是利用對身體有益的四季材料所製作的，而速食品只能夠在當時發揮短暫的力量而已。

旅館早餐的優點何在呢?飯含有碳水化合物和礦物質、蛋含有維他命A及E，海苔含有礦物質，納豆含有礦物質、維他命及K_2，醃漬菜是黃綠色蔬菜。亦即早餐就能夠攝取到一日所需的大半營養素。

以一日爲單位來考量，當然還要攝取午餐、晚餐。因此，如果量不夠的話，可以藉由午餐、晚餐來補充。就營養面而言，已經足夠了。相信各位已經明白旅館的早餐具有均衡的營養。健康的身體是從營養均衡的飲食生活開始的。

首先要了解基本的營養素。其次，再爲各位介紹大家想知道的精力絕倫的營養素。

依照順序，基本的營養素有以下的幾種形態，各位一定要記住。

①維他命
②礦物質
③脂肪

④碳水化合物
⑤必須氨基酸
⑥纖維質

都是大家耳熟能詳的名詞。而人類經由均衡地攝取這些飲食，就能夠維護健康。

但是，大家要攝取使精力絕倫的營養素，就必須要攝取以下的食品。

①氨基酸中的精氨酸
（山藥、秋葵中所含的成分）
②礦物質中的鋅、鐵質
（俗稱性礦物質）
③維他命B_1、B_2、B_6、B_{12}
④不飽和脂肪酸（ＥＰＡ）

這些在前面已經叙述過了，相信大家都了解了。這些是促進精力絕倫不可或缺的營養素。

※海狗博士的煩惱諮詢

問題（Q）

最近性慾減退，才三十多歲，該如何使其復原呢？

答（A）

藉由改善飲食生活，就能夠使其復原。

要產生性慾，產生絕倫的精力，最重要的，就是要增加精液。因此，要攝取含有豐富氨基酸的食品。爲了增強性慾，一定要攝取能夠製造精子的鋅，別名性礦物質的物質。

問題（Q）

請具體地列舉食品名稱。

答（A）

食品方面例如各種肝臟、魚貝類、海藻、穀類、黃綠色蔬菜等，盡量多加攝取。如果不能夠製造出有元氣的精子，則無法恢復性慾。

換言之，要恢復性慾，首先要增加精液，藉此能夠提升性慾，性慾一旦提升，就能夠增加勃起力，就能夠恢復性慾。

※男人的元氣等於精液說

性功能減退，是由於身體平衡失調而造成的。

例如，夏日懶散症的原因，是因爲攝取過多的水分、啤酒、清涼飲料，造成食慾減退。此外，因爲太熱、睡眠不足，而容易引起夏日懶散症。

——夏日懶散症是在你遺忘它的時候悄然而至的症狀。

當然，這是我自己的說法，不過，在盛夏時節，飲食生活的紊亂，會影響從秋天到冬天的健康。在這個季節交替的時候，死亡率較高，理由就在於此。

此外，一般遊玩造成的疲勞，也會產生極大的影響。也就是所謂的遊玩疲勞。原因則是由於在休閒地過著不規律的生活。原本是爲了消除壓力而去渡假，結果卻導致壓力積存。

別說是一週了，就算是住宿二晚、三晚的休假，也會造成疲勞。只會耗損精力，在重要的時刻，無法產生力量。

一定要改善不規律的生活，使消耗的體力復甦，補充降低的營養，要吃元氣食。人體的健康與否，會明顯地表現在食物的攝取量。因此，想成爲夜晚的帝王，就要避免挑食，要攝取強精食品。

製造精液的是蛋白質（核糖核酸），因此，要攝取富含這些物質的秋葵、鰻魚、山藥、牡蠣，具有速效性。在三～四小時內，會對陰莖造成影響。因此，覺得疲累時，就要吃這些食物。

不僅能夠遠離夏日懶散症，而且即使到了冬天，也能夠擁有不易罹患感冒的健康體。

※一般的強精、強壯食品

要產生性慾，擁有過人的精力，則增加精液才是最重要的。因此，要攝取含有豐富氨基酸的食品。但是，光靠這些，還不見得能夠產生性慾。

對性慾而言，最重要的，就是製造精子，因此，要攝取別名性礦物質的鋅和鐵質等含量較多的食品。以食品而言，就是肝臟、魚貝類、海草、黃綠色蔬菜等。

關於礦物質方面，在本章的後半部詳加說明。在此說明含於一般食品中的強壯食品。

【強精、強壯、精力絕倫食品類】

- **章魚**（含有大量具有強精、強壯效果的牛磺酸）。
- **鰻魚**（自江戶時代以來，就是傳統的精力食）。
- **山藥**（滋養強壯，粘滑食品的代表）。
- **肝臟**（含有大量的性礦物質）。
- **鱈魚**（連病人都喜歡的活力泉源）。
- **醋**（消除疲勞，增進食慾）。
- **蒜**（強精食品）。
- **牡蠣**（缺乏鋅則會使精力減退）。
- **朴蕈**、**蓮藕**、**秋葵**（粘滑的食品能夠強精）。

覺得如何呢？這些都是脈脈相傳的食品吧！即使無法產生性慾的人，只要改善飲食生活，就能夠復原。

其中最好的就是壽司。壽司是恢復元氣的食品，在疲勞時，吃壽司能夠展現效果，值得一試。相信明天早上，一定能夠湧現元氣。

※食物具有神奇的力量

古人都知道食物能夠產生力量。但是現代的人卻不知道。

本章就從這一方面開始敘述。因爲要和古代原始的性知識（現代已經不使用了）相比較，參考先人的智慧，來了解食物的力量。

以現代營養學的觀點來看，其中有不少是我們也能夠接受的食品。例如在冬至煮南瓜吃，就是爲了能夠健康過冬的智慧。南瓜中含有維他命A及鋅，鋅能夠促進維他命A的吸收，藉著相輔相成的效果，提升身體的抵抗力，因此不易感冒。

此外，爲了自己的健康著想，只能吃與自己年齡數目相同的當令豆子，這與冬至吃南瓜的道理是相同的。

俗諺有云，「番茄紅了，醫師的臉變白了」。因此可知，成熟的番茄，對健康很好。

番茄汁可以治療宿醉，柿子能夠解酒，這是自古留傳下來的生活習慣及智慧。早上吃水果會變成金，中午吃變成銀，晚上吃變成銅。此外，胡蘿蔔、牛蒡、白蘿蔔等根莖類的食物，能夠創造精力。

這些風俗習慣和食物，很遺憾的，慢慢地被人類遺棄了。不要只吃漢堡或炸雞，偶爾

也要吃一些傳統的食品。

※預防成人病的食物的力量

一提到成人病，大家立刻會聯想到糖尿病、腦梗塞、心臟疾病、癌症等。可以藉著每天的飲食生活加以預防。

- **洋蔥**（改善動脈硬化、降血壓）。
- **薏米**（防止肥胖，增強精力）。
- **南瓜**、**番茄**（強化粘膜、預防感冒）。
- **款冬**（去除膽固醇）。
- **白蘿蔔**（抑制癌細胞）。
- **白菜**（致癌物質的解毒）。
- **胡蘿蔔**（防癌、降血壓）。
- **蘋果**（使鹽分排出體外）。
- **松茸**、**舞茸**（擊潰癌細胞）。

・沙丁魚、鯖魚、鰺魚（促進血液循環）。
・干貝（強化肝功能）。
・蒟蒻（去除膽固醇）。
・高麗菜（修復受傷的組織）。
・蘑菇（對眼睛有效）。

這些食物價格便宜，容易買到。均衡地攝取，則不只是成人病，也能夠預防一般的疾病。

※海狗博士的煩惱諮詢

問題（Q）

聽說性行爲是由頭腦進行的，爲了防止痴呆，請告知使頭腦功能良好的食物。

答（A）

使用健腦食品，就能夠防止痴呆。健腦就是健康的腦，指腦的運轉、記憶力、注意力敏銳的狀態。使頭腦的功能（健腦）旺盛的食品如下：

・**鰹魚**（預防新生兒智能障礙）。
・**芝麻**（健腦、預防老化）。
・**鮪魚**（促進血液循環、健腦）。
・**咖啡**（使頭腦清醒）。
・**蔥**（消除頭腦疲勞）。
・**紫蘇**、**荷蘭芹**（刺激腦、增進食慾）。
・**大豆**（健腦、防止老化）。

問題（Q）

先生你提及，爲了享受性愛之樂，健康是第一要件，這是什麼意思呢？

答（A）

要充分享受性愛之樂，如果體調不良或感覺疼痛的話，就無法安心地享受了。

所以，有健康，才能夠實質地享受性愛之樂。

問題（Q）

請告知健康最重要的要素是什麼？

答（A）

健康的基本，就是每天的飲食。所謂醫食同源，如果不好好地攝取食物，就無法保持健康。一天三餐，是世人共通的習慣，要養成規律攝取三餐的飲食生活。有的人只吃兩餐，但是我並不贊同。

問題（Q）

您說對性行爲有效的食品有很多，具體而言，吃什麼比較好呢？

答（A）

在日常生活當中，身邊的黃綠色蔬菜、穀物、海草、魚貝類等都是。對國人而言，這是最合理的飲食，對身體很有幫助。

問題（Q）

請告知其中有哪些是能夠創造精力的食物。

答（A）

容易消化、能夠創造精力的食物，就是三大精力蔬菜，亦即山藥、韮菜、蒜。關於這些，列舉項目爲各位說明。因爲效果很多，故不可能一語道盡。

※防止老化、恢復精力的秋好式火鍋料理

《秋好式雞鍋》

▶美味的雞架子湯的作法

所有的湯都要用雞架子熬出來。秘訣在於熬出來的湯不可以混湯。先將一個雞架子放入滾水中，燙過之後，立刻用清水沖洗。然後再用2.5公升的水煮滾，放入酒、甜料酒、鹽調味。加入少量的醬油、砂糖。

（可依個人的喜好加入蔥花、辣椒粉、蛋）

※事先作好高湯

《雞鍋》

（4人份）

雞腿肉
300g
豆腐2塊
白菜 $\frac{1}{2}$
牛蒡 $\frac{1}{2}$ 塊
※對半縱剖，
擱置待用。
胡蘿蔔 $\frac{1}{2}$ 塊
※斜切成薄片，
泡在水中
洗淨，去皮，切成
薄片，泡在水中。
小油菜
※切除根部，
切成大塊。
韮菜1束
菠菜
茼蒿
※切除根部，撕
碎放人鍋中。
胡蘿蔔、牛蒡等
依不易煮熟的順
序放入鍋中

《秋好式魚雞鍋》

（4人份）

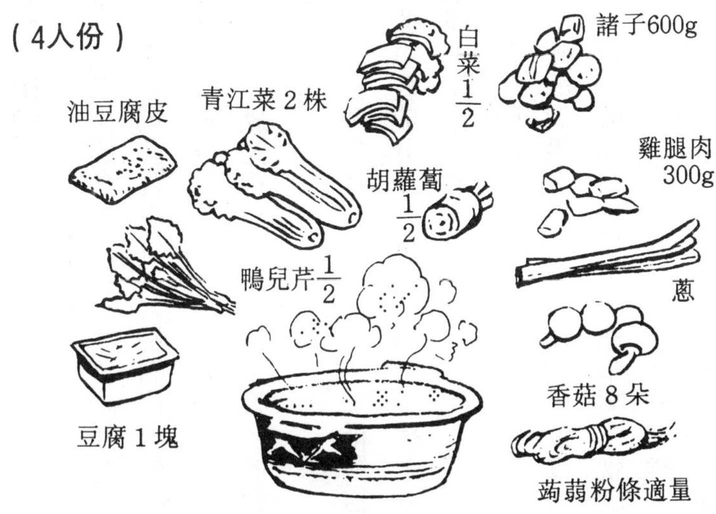

《秋好式牡蠣雞鍋》

（4人份）

※自然薯、山藥

山藥，別名山鰻魚，是性礦物質含量豐富的食物。獨特的粘液，具有強精效果。精液的成分蛋白質中含有大量的核糖核酸，要增產精液，除了礦物質（尤其是鋅）以外，還要多吃一些含有核糖核酸的食品。

強精食品，就是指核糖核酸含量較多的食品。除了山藥之外，還有秋葵、蓮藕、鰻魚皮等都是。

山芋，以自然生長在山上者爲佳，稱爲自然薯，效率比人工栽培的山藥更高。

山藥的主要成分是澱粉。澱粉，不論是米或麥，都必須要加熱，否則無法加以消化、吸收。如果吃生米，會導致死亡。

但是山藥生吃能夠消化吸收，是非常方便的澱粉。山藥本身具有消化自己的酵素（澱粉酶），因此即使攝取後，也能夠消化吸收。

「山藥汁麥飯」，幾乎不需要咀嚼，就能夠順利地呑嚥，不會造成胃部的不消化。吃了過多也不礙事，就是因爲有了這些消化酵素的緣故。

消化迅速，燃燒迅速，立刻能夠當成熱量發揮作用。

山藥中除了含有與精液成分相同的核糖核酸之外，也含有豐富的精氨酸。精氨酸是能夠提高生殖能力的物質，在植物之中，以山藥的含量爲最多，所以是強精食品。

漢藥所謂的山藥，是指山藥乾燥製品，磨成粉末，和生蛋混合，每天服用二～三次，就能夠提升精力，治療陽萎，防止早洩。

※溫腎固精的韮菜

韮菜是我們身邊的食物，終年可得，是價格便宜的黃綠色蔬菜。

韮菜含有胡蘿蔔素（進入體內後會變成維他命A的物質）、維他命B_2、C、鈣、鐵等營養素。

令人驚訝的是，韮菜的氣味成分具有藥效。氣味成分是硫化丙烯，是對健康很好的成分。這個氣味，能夠完成人類健康與長壽的願望，在料理時花點工夫，就不會對於這種氣味產生抵抗感了，吃起來十分的美味。

中國自古以來，經常利用韮菜來製作料理。中國的醫藥書『本草綱目』中記載，韮菜具有「溫腎固精」的效果。能夠溫熱身體，促進血液循環，對於消除疲勞具有卓效。

對於腎臟很好。不只對於腎臟，韮菜對於睪丸及副腎等分泌性荷爾蒙的器官、泌尿生殖器官都有效。

使用韮菜料理的代表，就是韮菜炒豬肝。這個料理，能夠促進體內的血液循環，提高精力。

韮菜含有前述的力量，再加上維他命含量豐富的肝臟，眞是如虎添翼。此外，肝臟還含有鋅、鐵、鈣等的性礦物質。

韮菜可以搭配在各種料理中。感覺自己精力減退、腎氣衰退，或是想要防止老化的人，一定要攝取韮菜。燙韮菜、韮菜炒蛋、味噌湯韮菜粥、餃子、炒韮菜等，都是很家常而且效果極佳的料理。

想要永遠保持年輕的性能力，則要時常攝取韮菜。

※禁葷酒山門・蒜的建議

在寺廟的山門前，會立一個「禁葷酒山門」的石碑，亦即嚴格禁止將蒜、酒類帶入寺內，原因何在呢？

蒜很臭，但是對身體而言，卻是強壯食品。蒜中含有蒜氨酸、蒜素，一旦吸收到體內時，會刺激中樞神經，成爲勃起的原因，而產生性慾。
而酒類具有放鬆精神的作用，會阻礙修行。
戒律森嚴的寺廟，至今仍然禁止信徒攜帶這些東西進入。不過，這只是原則而已，事實上，這些東西還是受到歡迎的。
食用大蒜以後，身體會變得溫熱，能夠刺激全身的荷爾蒙腺，使荷爾蒙開始分泌。
以前在埃及建立金字塔的時候，很多工人利用蒜來補充體力。
此外，建築中國的萬里長城時，動用無以數計的勞工，爲了保持體力，他們也會利用大蒜。
在日本，建築大阪城的時候，工人也接受蒜的力量。
有很多人在吃麵時會加入一些蒜，但是即使對身體有效，也不能吃得太多，否則會造成反效果。

※海狗博士的煩惱諮詢

問題（Q）

最近，經常半途而廢，有陽萎傾向，是否有什麼東西能夠產生元氣呢？

答（A）

我了解，我爲你介紹一下。使用海中的青海苔做成的「海草香鬆」，陽萎的人經常使用這種食物，就能夠恢復功能。

對於精力衰退的人來說，這是很好的食品。青海苔的粉末與黑、白芝麻的粉末混合作成的香鬆，撒二湯匙在一碗飯上來吃，就能夠恢復體力。

青海苔中含有葉綠素、鐵、鈣、磷、鈉、鉀、鎂、鋅、胡蘿蔔素等，芝麻也是有助於健康的東西。

※埃及豔后美貌的秘密

如果說世紀美女美貌的秘密在於芝麻，不知道各位會做何感想？當然，我不是說埃及豔后肚臍上的痣，而是指吃的芝麻。

芝麻是健腦食品。古人說，每天吃三～五粒，就能夠擁有聰明的頭腦。

埃及豔后美貌的兩大要素，就是芝麻與埃及皇宮菜。芝麻中所含的礦物質（尤其是鈣與鋅）及各種維他命（B_1、B_2、D）等，創造她的美貌。

芝麻分爲黑芝麻、白芝麻、金芝麻、茶芝麻等各種不同的種類。

黑芝麻的脂肪較少，含有各種礦物質，最能夠創造健康、強壯。白芝麻的脂肪最多。茶芝麻的香氣較強，但是產量較少。

芝麻除了前述的營養素之外，還含有油脂酸，這種物質也具有強壯效果。如果要吃的話，最好吃芝麻油。

據說芝麻油是奔馳於山岳地帶的山伏的秘藥，能夠提升精力。炒蔬菜時，最好使用麻油，在食物油中，它的氧化穩定性最佳，含有維他命E和鉀、鐵等礦物質。

芝麻油適合與醬油搭配，可用來作日本料理或中國菜，尤其黑芝麻最好。有的人將白芝麻用焦油染黑之後作成假的黑芝麻販賣。

最早介紹芝麻威力的書，就是『神農本草經』。

這本書中，將三百六十五種食品分爲上品、中品、下品。

上品有「君藥」之稱，是指完全不會對人體造成害處，不用擔心的最佳食品。

中品稱爲「臣藥」，是保持健康、治療疾病的食品。

下品稱爲「佐使藥」，是指具有治療疾病的強大力量，但是副作用也很大的食品。

黑芝麻是屬於上品，因此可知其效用極佳。

※精力絕倫、強精食品

我們所說的強精、強壯食品，種類繁多，像前面介紹過的山藥、韮菜、蒜、芝麻等一般食品之外，還有比較專門的強精、強壯食品。

例如以眼鏡蛇、海狗、鼈、明日葉、寇納茶這五種動植物爲主體，總數達八十種以上。這些食品的特徵，就是含有能夠提升強精、強壯效果的營養成分（礦物質、維他命、蛋白質等）。尤其礦物質對男性而言，是「不可或缺的活力泉源」。

形態上，做成膠囊、粉末、液狀，或將原材料乾燥。在此打商品廣告，似乎違反本書的主旨，因此只叙述其效用。

※強精食品的三種神器

能使「男性挺立」的食品，包括**海狗**、**虎鞭**、**眼鏡蛇的肝臟及膽囊**、**蝮蛇**、**海蛇**。植物方面，則是**寇納茶與明日葉**，而要喝的話，則喝**蜂王漿**。

其中特別推薦的是**海狗**、**眼鏡蛇及鼈**。

我將這些稱爲強精食品的三種神器。

※鼈

根據古代文獻的記載，中國在紀元前十世紀時（周朝），長沙獻給成王的貢品就是鼈。自古就將其當成食用或藥用的物質。

中國代表性的醫書『本草綱目』中，記載鼈當成藥用物質。鼈能夠治療頭昏眼花、四肢麻痺、焦躁、失眠、長腫疱，使血液得到淨化。

日本在六百九十七年文武天皇時，近江國獻上白色的鼈，在『續日本書紀』中登場。從這時候開始，可能就已經知道鼈的存在了吧！利用從中國傳到日本的醫書，學習其效用。能夠安心地當成藥用或食用物質。

※海狗博士的煩惱諮詢

問題（Q）

最近覺得沒有體力，對於性行為沒有自信，感到很困擾……。

答（A）

我建議你使用鼈。鼈有精力王之稱，其體內含有大量的維他命、礦物質、蛋白質。這些營養素能夠促進血液循環，而且含有很多的ＥＰＡ（不飽和脂肪酸），能夠消除疲勞，提升性慾。

問題（Q）

的確存在著強精或強壯的食品嗎？

答（A）

的確有的。

以代表物——鼈爲例，最近根據東大醫學部的實驗研究，在「日本藥學學會」中發表與我前面所敍述的結果相同，因此備受注目。

鼈也含有鐵質、鈣離子、鈉、鉀、蛋白質等。特別值得一提的，就是脂肪。鼈的脂肪是容易消化的植物性油，而且也容易吸收。

這個脂肪中含有十幾種的脂肪酸，其中的脂肪酸17ＫＳ，能夠促進男性荷爾蒙的分泌。鼈是精力絕倫的根源，理由就在於此。

問題（Q）

古人說老化和精力衰退的順序，依序為齒、眼、陰莖。鼈到底對於身體的老化能夠發揮何種效果呢？

答（A）

老化是一種自然的現象，是無可避免的，但是能夠延緩。愛用鼈的老人們，耳聰目明、頭腦清醒。鼈能夠淨化血液，所以才會展現這些效果。含有豐富的良質氨基酸，當然能夠防止精力減退與老化。

※眼鏡蛇

眼鏡蛇，是我進入此道時最早研究的東西，因此記憶深刻。現在我被稱為海狗博士，但是我認為應該被稱為眼鏡蛇博士較好。

眼鏡蛇的探討，最好以學術理論來加以叙述，但是不需要依賴一些艱澀難懂的文章。我就以Q＆A的方式來說明我為了找眼鏡蛇而前往東南亞的體驗談。

問題（Q）

您為了尋找眼鏡蛇而前往泰國，聽說眼鏡蛇能夠強精、強壯、淨化身體。該如何處理較好呢？

答（A）在泰國，眼鏡蛇被視爲是國民食，在日常生活中經常可以吃到，是很普遍的蛋白質食品。

在曼谷的餐廳裡就能夠吃到。我也嘗試過了。吃起來並不美味，但是這是我個人的味覺。如果當成藥食來考慮的話，那倒是不錯。也可以炒來吃。據說對身體很好。

問題（Q）眞的有效嗎？

答（A）嗯！有效。在當地，將眼鏡蛇作成辣味料理。很多人食用後，都得到強精的效果。

問題（Q）我也是其中一個。聽說某位婦人吃了眼鏡蛇粉末，結果恢復了生理期，令人訝異。

泰國很熱，是否容易罹患夏日懶散症呢？

答（A）

起初，的確有這種傾向，但是習慣食用眼鏡蛇的料理後，就不再出現這種現象了。

這可能是因爲眼鏡蛇的料理能夠強健體力吧！使用香辛料（魚醬油）。當然，國人要習慣這種味道，需要花一點時間，但是，泰國人幾乎每一道料理都會使用這種調味料，不論吃麵或炒菜，都會使用。

食用這種辣味眼鏡蛇的料理後，身體會發熱。可能是魚醬油的效果吧！但是，我想這兩者混合，更能夠提升體力吧！

每晚食用，那可是會夜夜瘋狂的喲！

問題（Q）

泰國人大量食用眼鏡蛇，難道取之不盡，用之不竭嗎？

答（A）

是的。在農村的雨季時，經常可見眼鏡蛇探出頭來。帶有劇毒，被咬到的話，半個時辰內會致命。

問題（Q） 有劇毒，吃了也無妨嗎？

答（A） 眼鏡蛇所具有的劇毒，是神經性毒，是一種氨基酸。加熱到七十度時，毒就會被分解。如果做成菜或食用乾燥物，就不會造成問題。

此外，餐廳中的眼鏡蛇已經去除頭、毛皮與內臟，只將肉與骨剁碎炒來吃而已，所以不用擔心。

問題（Q） 是完美的強精食嗎？

答（A） 我親身體驗，發現這是事實。泰國的美女，身上都有那種魚醬油的味道，可能是因爲每天吃的緣故。

問題（Q）

這些女孩也吃眼鏡蛇，那麼在性能力方面也……。

答（A）

是的，很棒。自古以來眼鏡蛇在東南亞一帶就被當成強化食、強精食、美容食、健腦食來使用，所以不難想像其夜晚的生活吧！

※海　狗

現在我最喜歡的，就是海狗。具有卓越的強精效果。我被稱爲海狗博士，其稱呼就是來自這種營養輔助食品。

海狗是一夫多妻制，公海狗通常擁有二十～三十隻的母海狗（最盛期將近百隻）的隨從，擁有絕倫的精力。

調查其絕倫的秘密時，發現海狗的骨骼中含有一種名叫卡羅肽的氨基酸。

經由動物實驗的結果，發現其能夠降血壓，使血管擴張。也就是說，如果人體攝取卡羅肽，血管會擴張，能夠促進血液循環。血液循環順暢，對身體的所有部分會造成好的影響，當然，也會促進男性性器陰莖的勃起。

因爲研究海狗而成名的慶應大學醫學部已故的林操教授，在「第八屆日本脈管學會」的總會中，發表了研究報告，證明了這個事實。

根據他的說法，《能夠擴張哺乳動物的末梢血管，具有使血液流入末端組織，使末端組織亢進的特性，能夠提升新陳代謝的機能，因此，其防止老化，使病態組織賦活的效果十分的顯著》。

在當時的讀賣新聞（一九六七年一月一日）中，報導對於四十肩、五十肩、神經痛等都有效。

與海狗類似的海獸，例如海豹、海豚等，則無法從其體內抽出卡羅肽。

目前，國際公約限制捕獲海狗，因此，以此爲原料的強精輔助食品日益減少。

※海狗博士的煩惱諮詢

問題（Q）

能否撇開學術的觀點，而以平常的觀點來說明海狗。友人中，有不少海狗愛用人士。

答（A）

我明白了，現在我就回答你的問題。

對於體力消耗或疲勞的人而言，海狗能夠發揮效果，這是來自海狗中的卡羅肽成分。前面提及，卡羅肽具有擴張血管的作用，能夠提升新陳代謝，所以能夠去除體內的老舊廢物，送入新的氧與營養素。

當然，血液會集中在陰莖，促進勃起。此外，血管的擴張，也是消除肩痛、腰痛不可或缺的要素。因此，對於這些症狀也能夠奏效。

問題（Q）

海狗是很大的動物，到底是使用其身上的哪個部分呢？是不是陰莖呢？

答（A）

睾丸中所含的卡羅肽多於陰莖，不過，多半是從骨骼肌中抽出的，只是因爲公的海狗擁有許多母的海狗，所以大家認爲牠精力絕倫而聯想到陰莖。

問題（Q）

日本人從何時開始愛用海狗呢？

答（A）

江戶時代北海道的松前藩將其視爲是高貴的精力絕倫食。文獻中記載，代代將其呈獻給德川將軍家。

具有非常的效力，才能夠寵愛大內的許多女性。

問題（Q）

運動選手使用後也有效嗎？

答（A）

是的，能夠補充消耗的體力。海狗的活力被視爲是精力源。此外，演藝界人士的愛用者也不少。沒有體力就無法一決勝負，所以平常就要培養體力。

海狗博士的我，也是愛用者之一，效果卓越。藉此我才能夠擁有強壯的精力、體力，到處從事演講的工作。身體就是財富。

問題（Q）

三十歲層～四十歲層性能力逐漸減弱，該怎麼辦呢？

答（A）

前來找我協商的人，多半就是這種年紀的人。勃起力降低，復原力減退，容易積存疲勞與壓力。

我一向主張，今日的疲勞要今日去除，因此，要攝取含有鈣、鎂、維他命A、B群等的食物。容易疲勞，是體內缺氧所造成，一定要給予血紅蛋白。

當然，來找我協商的人，我會建議他們使用這些商品，與一般的食品不同，具有速效性，相信第二天就能夠擁有精力了。這就是所謂的強精、強壯食品。

※強精勃起草的真相為何

精液，多半是利用血液在前列腺製造出來的。因此，攝取具有增血效果的食品，就能夠產生強精效果。

強精、強壯的生藥，大家想到的就是中國的漢方藥。事實上，自古以來日本也擁有許多的藥效草。

原產地在伊豆七島的明日葉，自古以來是備受注目的健康、強精靈草，爲芹科多年生植物。今天採摘，明天就會發芽，具有強壯的生命力，故有明日葉的名稱。

此外，在大島將明日葉稱爲勃起草（男性）或戲草（女性）。亦即經常使用，能夠增強精力。

爲何明日葉具有這種效能呢？因爲在植物中它含有比較罕見的維他命B_{12}，也含有鐵質、鋅、鎂、硒等性礦物質。

維他命B_{12}具有使鐵質容易被吸收的作用，同時也具有增血效果，更能強精、強壯。生的明日葉不易爲人體所吸收，所以最好榨汁來喝或拌芝麻以及燙來吃。

在大島，則是將明日葉與芋頭一起用鹽煮來吃。在神津島，則是加入當令的魚類作成明日葉湯來食用。

一百公克的明日葉中，所含的維他命B_{12}的量，相當於二百公克肝臟中的含量。每天食用肝臟，當然是一件很辛苦的事。如果使用明日葉，就能夠輕易攝取到營養素。

※海的牛乳創造絕頂的精力

現在的無性生活與少產，與製造精子的鋅有密切的關係。

即使鋅攝入體內，但只要存在壓力與大氣污染，則鋅也無法發揮作用。結果精子減少、性慾減退，無法得到子女。

海是生命的母胎，其中存在著牡蠣。與地球上所有的食物相比，牡蠣含有超群的營養。牡蠣中含有人類維持生命所有的必要營養素。

包括各種的維他命與礦物質。

特別值得注意的是含有鋅，以及含有豐富的肝臟熱量源的糖原。提及鋅，也許各位會認爲攝取太多反而有害，其實不然。鋅對人體而言，是不可或缺的礦物質（金屬）。就好像鐵質對人體而言是不可或缺的物質一樣。我們專家將這些身體所需要的金屬，稱爲「必須微量金屬」。

鉛（Ｐｂ）和鋅（Ｚｎ）是完全不同的物質，請各位不要混爲一談。此外，對於體力不足的人來說，糖原是救世主。

※日本的牡蠣為世界第一

牡蠣的產地在英國、法國、澳洲、西班牙、希臘及日本。尤其日本產者，品質最佳。牡蠣，只出現在海水與淡水的混合處。因此，牡蠣的產地一定要有河。

美食王國法國的牡蠣，以前是由日本出口《牡蠣的子種》而繁衍出來的。因此，我相信法國牡蠣的根在日本。

此外，歷史上愛好牡蠣的人的共通點，就是頭腦聰明，判斷力佳，應用力好。牡蠣含有谷氨酸以及二十種的氨基酸，且鋅的含量豐富，能夠增產精子、精液，結果就能增進性慾，使勃起力復甦。

在能夠生吃的季節裡，可將醋牡蠣添上韮菜碎屑來吃。韮菜也含有大量的鋅、胡蘿蔔素、維他命A，能夠使得效果倍增，迎向快樂之夜。

※利用飲食生活得到子嗣

有一對年輕人前來找我協談，他們說不管如何努力，都無法擁有孩子。

從這一對年輕夫妻的談話中，我發現問題可能出現在飲食上。身體沒什麼異樣，夫妻關係也不錯，三天做愛一次。

於是，我詢問兩人的飲食內容。

結果與一般家庭的飲食相同，兩個人都很喜歡吃肉，肉吃得較多一些。

我的建議就是少吃肉，盡量攝取鋅含量較多的牡蠣、海草類、韮菜、明日葉、埃及皇宮菜等。

一旦鋅不足，精液減少，精子沒有元氣。肉，在產生瞬發力時能夠奏效，但是不適合用來儲備底力。因此，我建議他們吃醋牡蠣，將韮菜、明日葉、埃及皇宮菜等作成「燙青菜」，每天攝取。

結果他們改善飲食，體調得以調整，不到半年就懷孕了。到了春天時，誕生了可愛的嬰兒。

對於年輕的夫妻而言，也許效果出現比較快吧！看到兩人前來報告時幸福的姿態，我也被他們的溫馨給感動了。

這個例子讓我深深體會到，對於人體而言，鋅是必要的物質。

※最佳的強精食是什麼？

最後我建議各位採用以下的強精食。

鰻魚、鼈、蒜的料理，是很好的營養食，但是，最後的強精食是——

我認為旅館中早餐的菜單，才是世界上最棒的強精食。

- **飯**（碳水化合物）。

・蛋（維他命E、F等）。
・海苔（礦物質）。
・納豆（蛋白質、維他命K_2）。
・醃漬菜（蔬菜）。
・味噌湯（卵磷脂、維他命E）。

在飲食不規律的時候，只要早上攝取這些食物，不僅擁有精力，而且冬天不易感冒，夏日也不易罹患懶散症。一定能夠維持健康的身體。

6 創造有元氣的陰莖

●必須了解的SEX

※強壯、強精一定需要蜂王漿

終於進入最後一章了。如果不敘述本書的主題「秋好式陰莖訓練法」，也許大家都會認爲說明欠缺完善。

在此之前，還要先敘述一個重點。

亦即要先說明滋養強壯食品之王——蜂王漿。

摻雜在蜂蜜與蜂王漿之中的，就是花粉。

雄蕊附著於雌蕊，製造種子時，一顆顆的物質，那就是花粉。以營養學的觀點來看，主要成分是含於蜂王漿中的乙酰膽鹼。

這是增產精液的成分。做動物實驗時，將乙酰膽鹼投與鼷鼠，結果睪丸增大。睪丸增大，表示精液增加，提升射精能力。投與母鼠時，受精能力確實提升。

衆人皆知，蜂王漿是年輕的工蜂所分泌的，只有女王蜂才能夠享用，效果極佳。工蜂爲了女王蜂而在十天~兩週內吐出這種萃取劑。

在性交之前攝取蜂王漿，能夠使陰莖擴張。因爲乙酰膽鹼能夠促進血液循環，而必須氨基酸與鋅等礦物質能夠增加精子、精液，促進勃起。

此外，在性行爲之後，蜂蜜也能夠發揮神奇的效用。蜂蜜中所含的葡萄糖、果糖，可以補充性行爲之後的熱量。

因此，性行爲之前服用蜂王漿，事後服用蜂蜜，這是最理想的做法。

※媚藥願望與永遠的秘法

所謂的媚藥，是指服用後能產生淫蕩的心情，提升感度，在雜誌上不乏這類的報導。但是，事實上沒有人看過眞正的媚藥或服用過。

這個世間果眞有媚藥的存在嗎?據說在印尼和巴西有一些傳說中的媚藥，但是效果如何，至今仍然不明。

不過，的確有能夠提升性感的強精劑（食）。例如，用與咖啡類似的寇納茶的果實作成的物質，其成分寇納茶酸能夠刺激副交感神經，提高性感度。但是光是如此，無法取悅於女性，畢竟性還是要強健的體力。

以前男性的夢想，就是成爲使女性喜悅的性高手。因此，會付出相當大的努力。

找尋媚藥也是努力的方向之一。但事實上，在你的身邊就已經存在一些秘技、秘法。

現在的秘藥或媚藥的效果，與昔日的絕倫食品或藥物相比，具有數十倍的效力。像在歷史上著名的眼鏡蛇、海狗、明日葉、寇納茶等爲主要原料作成的強精、強壯食品，也含有維他命、礦物質、蛋白質等，這是經由科學實際證明的結果。不過，這些都是營養輔助食品而已。

喜好此道的人，除了營養輔助食品之外，最好也實踐我所提出的「秋好式陰莖訓練法」。

※何謂陰莖訓練法

我說「陰莖訓練法」，也許各位會覺得很訝異，無法理解。也許腦海中會想：「哦！他一定是爲了賺錢才這麼說的。」

——沒這回事。

「陰莖訓練法」，只是要你做做體操而已。鍛鍊陰莖，就能夠防止早洩與陽萎，是解救男性煩惱的最佳練習法。

鍛鍊身體稱爲健身，而鍛鍊陰莖，就暫時稱爲強健陰莖吧！

根據之前的說明，各位應該放心了吧！光聽沒有用，一定要付諸實行。

與身體的肌肉同樣的，陰莖不使用就會衰退（廢退性萎縮）。因此，我並不贊成貝原益軒所提出的「接觸卻不射精」的方法。

一旦精液積存，就會怠忽了製造精液的努力，反而是藉著射出精液，才能夠幫助精液的生產。因此，一定要隨時貯存新鮮的精液。

射精的行爲會引起勃起，使海綿體容易充血，使得陰莖的韌帶強化，具有相輔相成的效果。此外，也要擁有支撐強韌陰莖的基礎。因此，要了解以陰莖爲主的下半身的鍛鍊法。

營養劑只不過是幫助身體而已，鍛鍊自己的身體，才能夠擁有絕倫的精力。

首先，就從「秋好式陰莖訓練法」的實踐軟體課程開始著手吧！

※實踐軟體課程

這個「陰莖訓練法」體操，如果各自攝取必要的強精食品之後再做的話，就更能夠提升效果了。但是不是光配合必要來吃就可以了，還要依擴張血管、增血、增強基礎精力等不同的目的而分別服用。一定要記住這一點來攝取食物。

接下來就進行陰莖訓練體操吧！

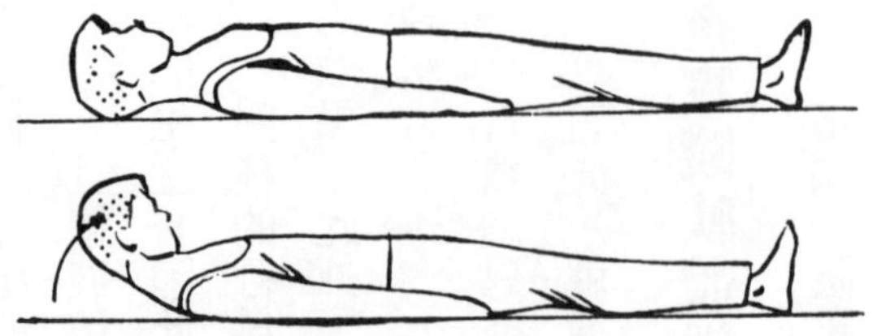

《陰莖訓練軟體課程①》

——增加性腺荷爾蒙的分泌——

一邊吸氣，同時下顎貼住胸骨。

——做十次運動——

⊙這個運動能夠增強分布在頸部的肌肉（乳突肌）的力量，使得位於喉結的性腺荷爾蒙（甲狀腺荷爾蒙、唾液腺荷爾蒙）旺盛地分泌，提高荷爾蒙的分泌。

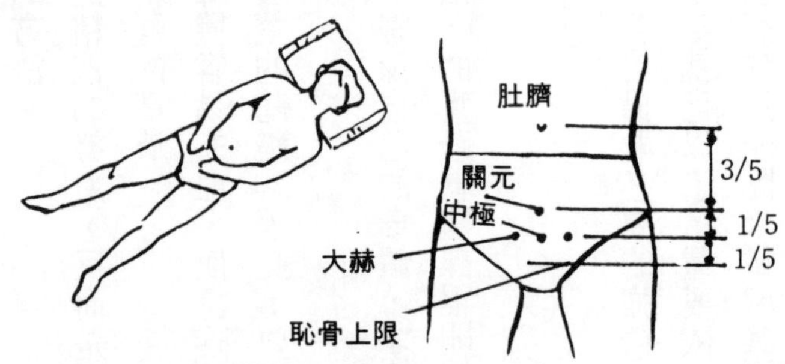

《陰莖訓練軟體課程②》

——增加流到陰莖的血液，加強力量——

⊙關元：將肚臍與恥骨上端五等分時，在肚臍正下方五分之三的位置。以指尖用力按壓時，感覺到下腹動脈的脈搏跳動的位置。是使體力充實的穴道。

⊙中極：比關元更下方五分之一處。是直接增强精力的穴道。

⊙大赫：在中極左右一根手指寬的位置。是能夠增强陰莖的勃起力。使血液循環順暢的穴道。

⊙找出關元、中極、大赫這三個穴道以後，用手指按壓，或用手掌稍微用力地摩擦其周邊。

——3～4分鐘運動——

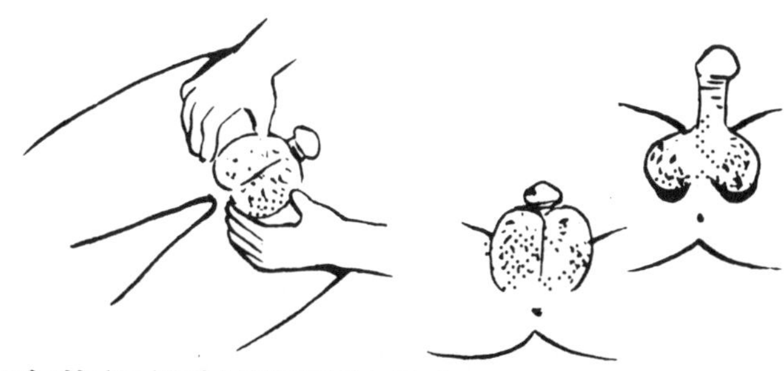

《陰莖訓練軟體課程③》

——去除陰囊、會陰部的瘀血，使陰莖的血路順暢——

⑴用二指按摩鼠蹊部（大腿根部）二分鐘。
⑵其次，用一邊的手指將陰囊朝肚臍的方向用力拉。保持這個姿勢，而用另一隻手的手指用力摩擦陰囊的內側（皮膚的刺激能夠產生快感）。
⑶用指尖指壓或按摩會陰部（陰囊與肛門的中間）。

——2～3分鐘運動——

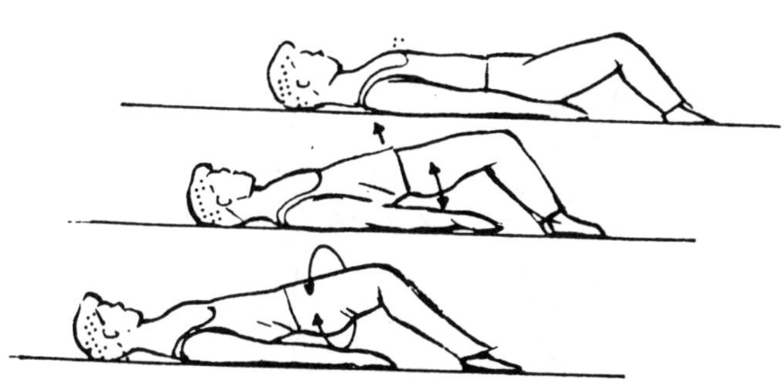

《陰莖訓練軟體課程④》

——強化腰部與增強持續力——

⑴腳底貼地，膝直立。
⑵臀部上抬，用肩膀與腳跟支撐身體，手掌貼地。
⑶首先如(A)所示，腰上下擺動10次。
⑷其次，如(B)所示，腰的左右運動進行10次。
⑸結束時，向左繞５次，向右繞５次。

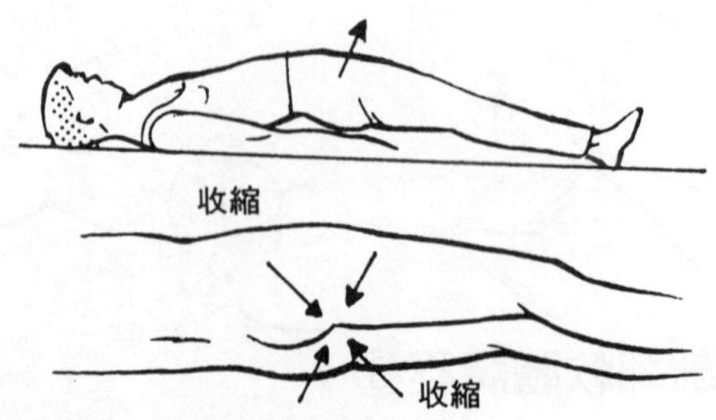

《陰莖訓練軟體課程⑤》

——強化勃起力與增強持續力——

⑴仰躺，感覺好像將在肚臍下方五公分處的丹田往上拉似的，只有腰上抬。
⑵保持腰上抬的姿勢，緊縮肛門。
⑶感覺好像對方的性器在陰莖的前端似的。

——2～3分鐘運動——

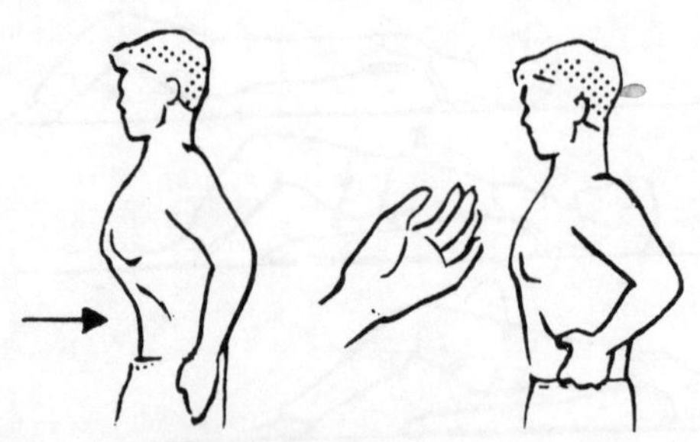

《陰莖訓練軟體課程⑥》

——強化創造力精力的基礎肝臟、腎臟的功能——

⊙雙腳併攏站立。
(A)一邊完全吐氣，同時腹部用力收縮，並且緊縮肛門，保持靜止10秒鐘。
⊙完全吸入氣息。
(B)接著雙手４指併攏，一邊按壓左右肋骨的最下端，一邊吐氣。

——(A)(B)各５次——

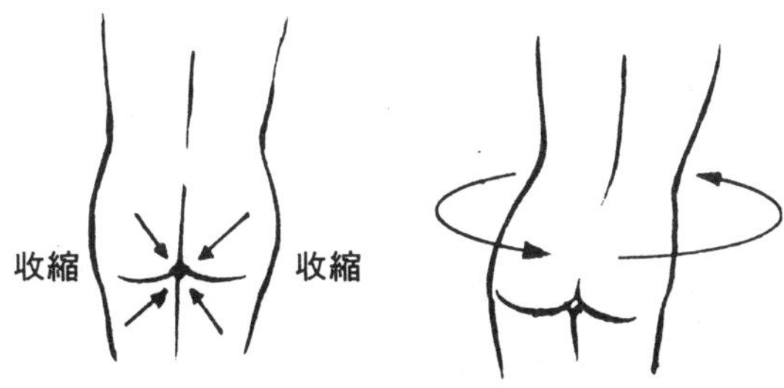

《陰莖訓練軟體課程⑦》

——訓練肛門括約肌，消除早洩，使腰的動作順暢——

——5次——

⑷緊縮肛門，靜止10秒鐘。

⑻勿使用膝的力量，旋轉腰，下意識地讓陰莖朝向前方。朝左右各轉5次。

——2～3分鐘運動——

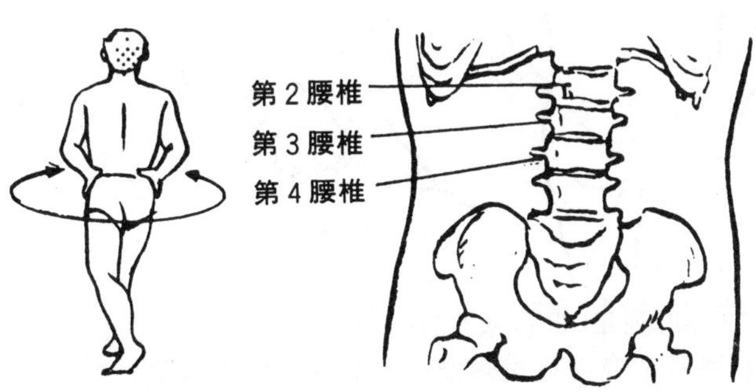

《陰莖訓練軟體課程⑧》

——恢復下一次的勃起力、持續力與性能力——

⊙第3腰椎：在軀幹最細的位置，有支配睪丸、卵巢的神經通過。

⊙第4腰椎：有支配性器的神經通過。

⑴雙腳打開如肩寬站立，或腳朝前後左右張開。

⑵拇指抵住第2腰椎或第3、4腰椎的附近，腰部進行小幅度的旋轉，或朝左右擺盪。用拇指刺激腰椎。

——3～4分鐘運動——

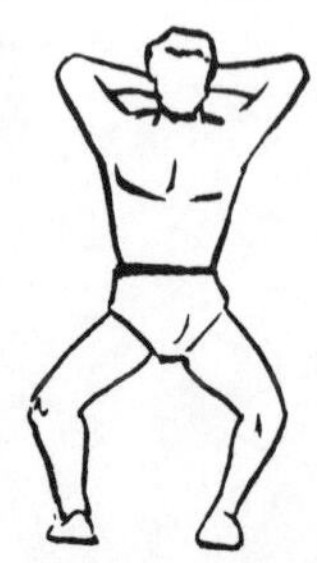

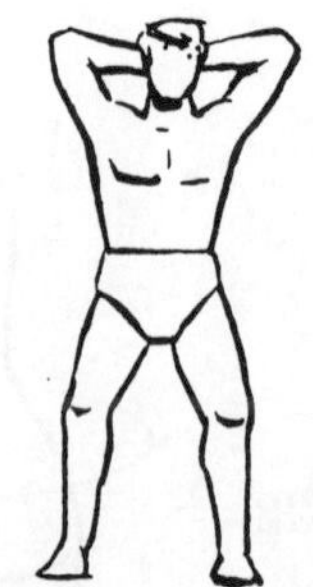

《陰莖訓練軟體課程⑨》

——強化下半身、肌腱的內收肌，提升持續力——

⑴雙腳朝側面張開站立。
⑵雙手交疊於頸後。
⑶伸直頸部，蹲下。
（蹲下時用力吸氣）
⑷蹲到不能夠再蹲爲止，慢慢地站立。
（一邊站立一邊吐氣）
⊙一直注視前方，保持背部與腰部伸展。

——20次運動——

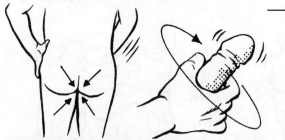

《陰莖訓練軟體課程⑩》

——更新陰莖的血液循環與性感，勃起的預備運動——

(A)

⑴用指尖握住陰莖的根部，擺盪50～100次。
⑵藉著陰莖的伸張以及龜頭部分充血的刺激，確認前端感覺的更新。
⑶緊縮肛門。

——２～３分鐘運動，泡澡時也可以進行——

(B)

⑷其次，左手插腰，右手手指用力摩擦在脊椎下端的骶骨附近。

——課程結束。2～3分鐘運動——

昔日的體位較少

覺得如何呢?是否喜歡「秋好式陰莖訓練」的「實踐軟體課程」呢?

陰莖的膨脹度提升、肛門緊縮、射精中斷等，以及強化周邊部的肌肉，精神面的忍耐訓練等，都是很簡單的運動，但是一定要每天努力地練習。

現代的女性要求各種體位，因此一定要強化體力。

事實上，在性行爲時採取何種體位，是當事人的自由，可是，仍然要進行足以應付的訓練。

在昔日，很多人只使用正常位。

可能是一般人不使用各種不同的體位吧!

不過，如果現代人也只是這樣，那麼也未免太浪費了，不做各種的嘗試，也算是一種損失。即使進行如貓、狗一般的體位，也能享受快感。

要創造能夠應付所有體位的基本運動，就在於軟體課程。

※教育程度越高的女性越喜歡怪異的體位

自從口交普及化之後，以往的說法已經被推翻了。

在我結婚的那個時代，亦即距今二十年前。口交並未得到市民權，而且一般人認爲吞下精液會傷身。不過，現在已經實際證明，即使吞下也無害。但是只要求口交的軟弱年輕人卻出現了。我認爲這些年輕人想要逃避使用肉體的性行爲。

當然，色情錄影帶也造成了影響。在社會上，高學歷的女性爲了消除壓力，追求異常的性愛。我很擔心，這會不會是造成一般的性混亂的要因。高學歷女性所喜歡的異常性愛例如下：

①ＳＭＰＬＡＹ傾向，②確保當成玩物的年紀較輕的男性，③口內射精，④口交，⑤女同性戀等。

爲了忍受這些困難的演出，一定要鍛鍊強健的陰莖。其次要介紹的是「秋好式陰莖訓練」的「實踐硬體」課程。

請振作精神來挑戰吧！

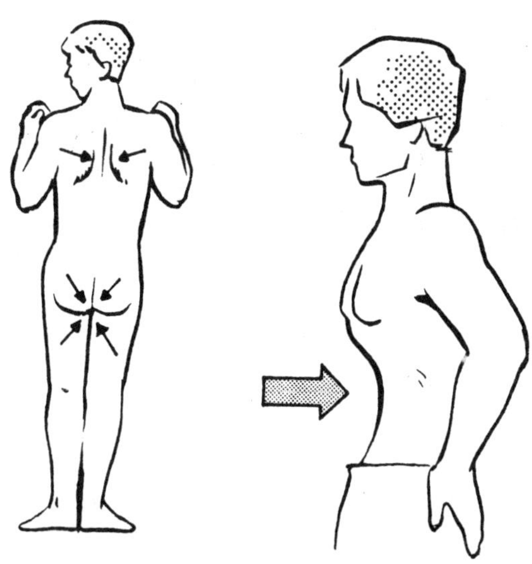

《陰莖訓練硬體課程①》

——準備運動——

⊙雙腳併攏站立。

(A)完全吐氣，同時用力收縮腹部，緊縮肛門，靜止10秒鐘（調整肝臟、腎臟的功能）。

(B)手臂用力，使肌肉隆起，緊縮肛門。感覺背部的肩胛骨好像粘在一起似的（使血液、淋巴液的流動順暢，消除疲勞）。

——(A)、(B)各進行1～2分鐘運動——

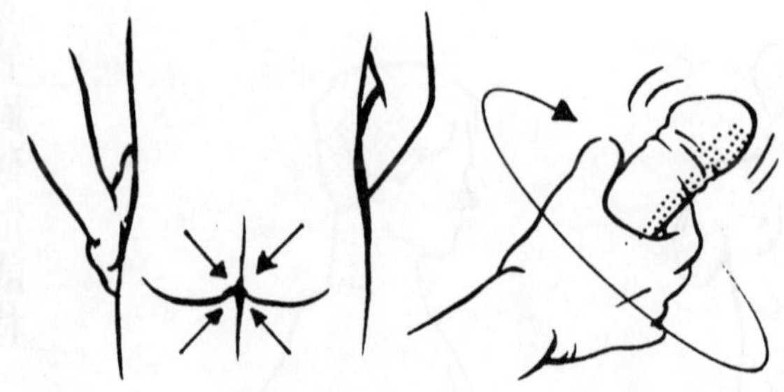

《陰莖訓練硬體課程②》

——膨脹運動——

①用指尖握住陰莖的根部，擺盪50～100次。
②藉著陰莖部分的伸長與龜頭部分的充血之刺激而勃起。

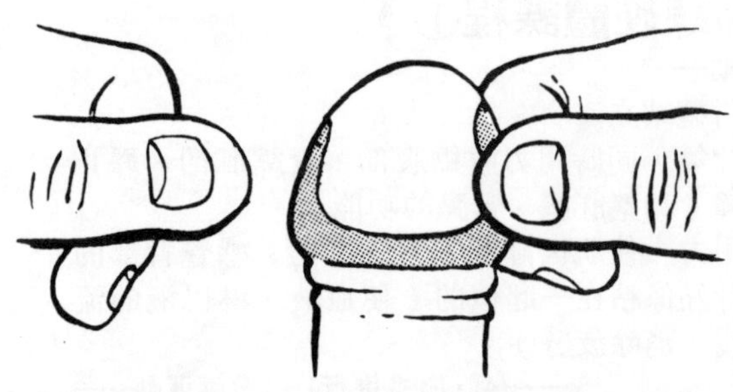

《陰莖訓練硬體課程③》

——龜頭強化法——

⊙勃起的陰莖龜頭斜線部分以不痛的程度輕捏。起初，感覺很痛，一次進行30秒左右。
⊙慢慢地增加時間與次數，逐漸地就不再感覺疼痛。如此就能夠增加龜頭對於摩擦刺激的抵抗力。

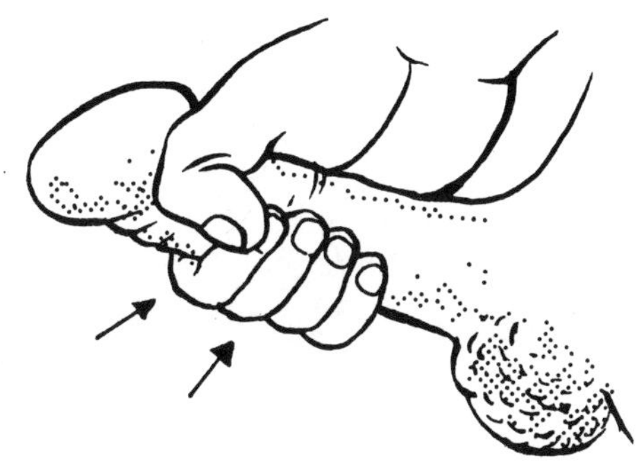

《陰莖訓練硬體課程④》

——陰莖把握法——

⑴用力緊握勃起的陰莖，靜止５秒。

⑵啪地放開，反覆進行5～6次。

⊙把握法能夠擴張皮下的毛細血管，使得血液循環順暢，將新鮮的氧與營養素送到血液中，交換組織中老舊的廢物。藉此能夠加速海綿體的新陳代謝。

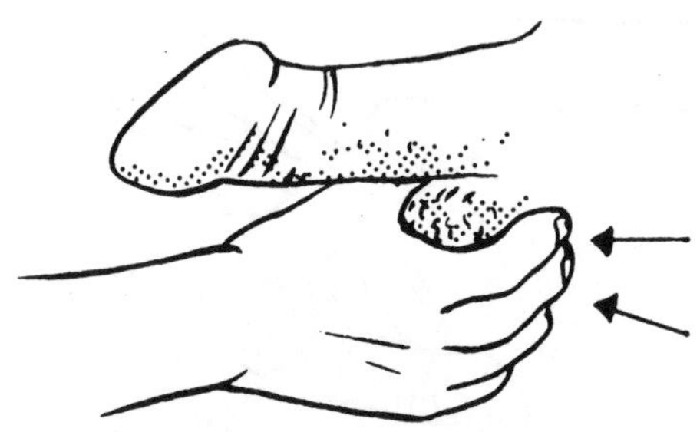

《陰莖訓練硬體課程⑤》

——睪丸伸縮法——

⑴以陰囊的根部爲主，稍微用力地握住。

⑵手放開，再握住，這個動作持續進行５～６次。

⊙伸縮法能夠促進睪丸的性荷爾蒙（睪酮）的分泌，提升全身的性感。

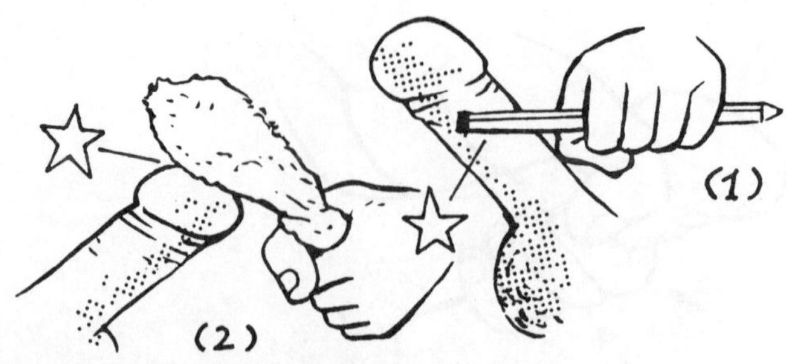

《陰莖訓練硬體課程⑥》

——強化韌帶（陰莖莖部）——

⑴利用原子筆或較短的橡皮管輕輕敲打陰莖根部到龜頭的部分。

——抬起陰莖，強化韌帶——

⑵其次，用擰乾的毛巾或手帕等敲打以龜頭爲主的整個陰莖。盡量不要借助手指，而能夠維持上昇角度。

——這樣就能夠強化韌帶，用手扶住陰莖也無妨。

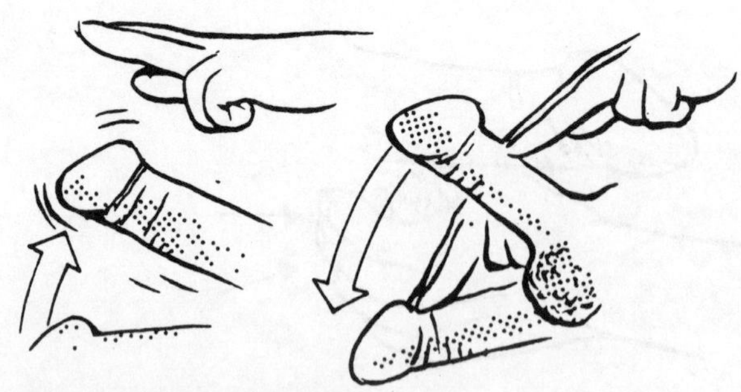

《陰莖訓練硬體課程⑦》

——強化韌帶（陰莖基部）——

⑴用指尖將勃起的陰莖朝下方壓，靜止２秒鐘。

⑵其次，手指突然放開。

持續進行５～６次。

——強化陰莖根部的韌帶——

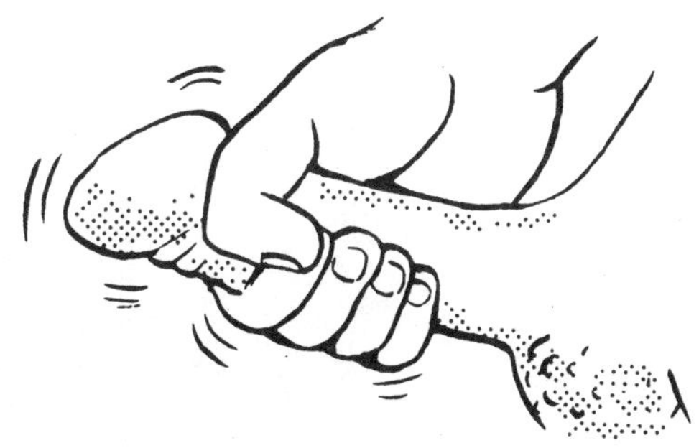

《陰莖訓練硬體課程⑧》

——陰莖振動法——

⑴輕輕握住陰莖的中段，斷斷續續有節奏地使龜頭振動，約2～3分鐘。

⑵絕對不要使其朝前後振動。

此外，要用力緊縮肛門。

⊙振動法，是藉著振動的刺激使得血管更爲擴張，幫助靜脈管的環流，促進新陳代謝。

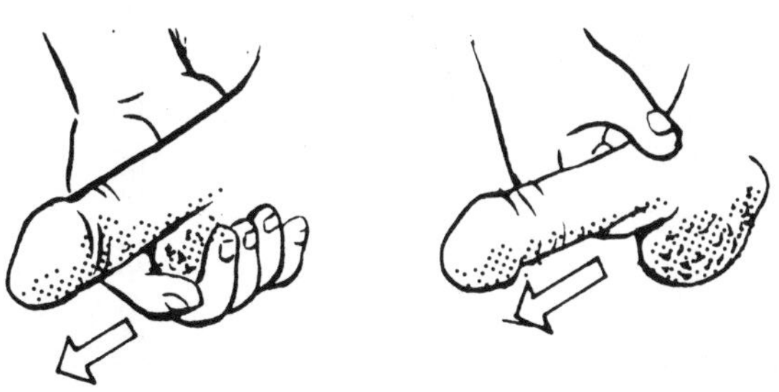

《陰莖訓練硬體課程⑨》

——射精制止法——

⑴在前一項動作的振動法中刺激了射精中樞，在感覺糟糕了的時候，肛門用力，同時用拇指將陰莖的根部壓向前方。

⑵其後，手指從側面進入，用力握住睪丸，拉向前方。

（事先練習這個動作，在實戰時才能夠派上用場。）

※性是永遠不滅的

本書到此即將落幕。

我以有趣的內容敘述了各種事項，而我個人也相信性是永遠不滅的。越調查，越感覺性具有深遠的意義。

今後，還是要在性的領域上多方研究。

想要享受性快感的人，歡迎前來找我協商。

後　記

※絕倫博士曾經多次更換工作

在距今二十五年前，對於健康食品的世界深感興趣。當時我大學畢業，在公司任第一線的工作。

對自己的評價很高，擁有好的學業成績，稱得上是一帆風順。但是，可能因爲青春時代是在自由的學校渡過，因此，不想上班，而想獨創事業。

——三十歲獨立吧！

我內心許下這個願望。

觀察社會環境，認爲以下三個領域具有未來性。

①教育相關工作

②保安警備相關工作

③健康產業相關工作

在我腦海中充滿著這三種事業，況且當時我也已經取得了這些工作證明。

到了時機成熟，足以獨立的三十歲的春天，我所服務的公司卻倒閉了，只有些許的遣散費。和我是同事關係的妻子，也一籌莫展。

幫忙叔父的建築業工作，但是仍然每天尋求獨立創業的機會。我的人生在這段期間堪稱是黑暗期。得到妻子與叔父、弟弟、父母的鼓勵及協助，三年後，我在三十三歲時獨立了。

我從前述的三種事業中，找出自己能夠處理的健康食品的範圍，當成事業的再出發點。我相信國外滋養強壯食品的效能，而想要獨創事業。

在開業時，處理的都是一些特殊的食品。爲了加深自己的知識，而前往世界各國學習。嘗試一些命名爲強精、強壯的食品，試驗其效能。

※絕倫本鋪「御立派屋」的誕生

我回日本後，成立郵購的健康食品公司。其後，在池袋開「御立派屋」，經營店鋪。

但是，開業之初，營業出現赤字，慘澹經營。不過，我並沒有放棄。得到妻子的內助之功，在當地進行宣傳活動，總算奏效，終於看到客人上門。

在弟弟的建議下，我也注意到大衆傳播媒體的效果，因此，在「御立派屋」前加上「絕倫本鋪」幾個字，決定推出「絕倫本鋪．御立派屋」的宣傳。某日，弟弟的建議奏效了，受到「絕倫本鋪．御立派屋」這幾個字的吸引，雜誌社派人前來訪問。接著，運動報紙也介紹本店。最初只有三種商品，後來逐年增加，現在以海狗、眼鏡蛇、鼈等爲支柱，已經增加爲八十多種類。其中有一成左右是我獨創的商品。

最初，家人戴著有色眼鏡來看我的店，現在，我成爲精力、體力衰退者的強力伙伴，很自信地接受他們的諮詢。

顧客多半是三十～五十歲層的人。此外，最近反映高齡化的社會，六十～八十歲層的高齡者也前來本店光顧。有時也有女性或年輕男性的客人。

我最感自豪的是，這十二年來，電視、電台、新聞、週刊雜誌前來訪問次數達到八百次。

最值得紀念的事，是一九九五年我修完了美國西帕希菲克大學研究院的課程，以「性能力與腦細胞的機能理論」得到理學博士的學位。

寫在最後——

我不論在人生上或在性方面，都是弱者的同志。站在弱者的觀點，和他們一起尋求解救之道。前來找我協商的人，我不會任意地向他們推銷商品，大家可以安心地前來光顧「御立派屋」。

現在，「御立派屋」開始製造最佳的粉末強壯食品，將整體烤黑的鼈、眼鏡蛇、海狗等當著客人的面前放入攪拌機中，作成容易服用的粉末提供給顧客。

看到這種方法，顧客就能安心了。此外，這個專用攪拌機是我花了兩年的時間才開發出來的。

我最引以爲傲的，就是自認爲現代「救性主」的海狗博士，對於強壯食品以及健康食品，日以繼夜持續努力地研究。

本書就是其成果的一部分，請各位報告讀書心得吧！

「御立派屋」店主　理學博士·秋好憲一

大展出版社有限公司 圖書目錄

地址：台北市北投區(石牌) 致遠一路二段12巷1號
郵撥：0166955～1
電話：(02)28236031 28236033
傳真：(02)28272069

・法律專欄連載・電腦編號58

台大法學院 法律學系／策劃 法律服務社／編著

1. 別讓您的權利睡著了① 200元
2. 別讓您的權利睡著了② 200元

・秘傳占卜系列・電腦編號14

1. 手相術	淺野八郎著	180元
2. 人相術	淺野八郎著	150元
3. 西洋占星術	淺野八郎著	180元
4. 中國神奇占卜	淺野八郎著	150元
5. 夢判斷	淺野八郎著	150元
6. 前世、來世占卜	淺野八郎著	150元
7. 法國式血型學	淺野八郎著	150元
8. 靈感、符咒學	淺野八郎著	150元
9. 紙牌占卜學	淺野八郎著	150元
10. ESP超能力占卜	淺野八郎著	150元
11. 猶太數的秘術	淺野八郎著	150元
12. 新心理測驗	淺野八郎著	160元
13. 塔羅牌預言秘法	淺野八郎著	200元

・趣味心理講座・電腦編號15

1. 性格測驗① 探索男與女	淺野八郎著	140元
2. 性格測驗② 透視人心奧秘	淺野八郎著	140元
3. 性格測驗③ 發現陌生的自己	淺野八郎著	140元
4. 性格測驗④ 發現你的真面目	淺野八郎著	140元
5. 性格測驗⑤ 讓你們吃驚	淺野八郎著	140元
6. 性格測驗⑥ 洞穿心理盲點	淺野八郎著	140元
7. 性格測驗⑦ 探索對方心理	淺野八郎著	140元
8. 性格測驗⑧ 由吃認識自己	淺野八郎著	160元
9. 性格測驗⑨ 戀愛知多少	淺野八郎著	160元
10. 性格測驗⑩ 由裝扮瞭解人心	淺野八郎著	160元

11. 性格測驗⑪ 敲開內心玄機 淺野八郎著 140元
12. 性格測驗⑫ 透視你的未來 淺野八郎著 160元
13. 血型與你的一生 淺野八郎著 160元
14. 趣味推理遊戲 淺野八郎著 160元
15. 行為語言解析 淺野八郎著 160元

・婦 幼 天 地・電腦編號 16

1. 八萬人減肥成果 黃靜香譯 180元
2. 三分鐘減肥體操 楊鴻儒譯 150元
3. 窈窕淑女美髮秘訣 柯素娥譯 130元
4. 使妳更迷人 成　玉譯 130元
5. 女性的更年期 官舒妍編譯 160元
6. 胎內育兒法 李玉瓊編譯 150元
7. 早產兒袋鼠式護理 唐岱蘭譯 200元
8. 初次懷孕與生產 婦幼天地編譯組 180元
9. 初次育兒 12 個月 婦幼天地編譯組 180元
10. 斷乳食與幼兒食 婦幼天地編譯組 180元
11. 培養幼兒能力與性向 婦幼天地編譯組 180元
12. 培養幼兒創造力的玩具與遊戲 婦幼天地編譯組 180元
13. 幼兒的症狀與疾病 婦幼天地編譯組 180元
14. 腿部苗條健美法 婦幼天地編譯組 180元
15. 女性腰痛別忽視 婦幼天地編譯組 150元
16. 舒展身心體操術 李玉瓊編譯 130元
17. 三分鐘臉部體操 趙薇妮著 160元
18. 生動的笑容表情術 趙薇妮著 160元
19. 心曠神怡減肥法 川津祐介著 130元
20. 內衣使妳更美麗 陳玄茹譯 130元
21. 瑜伽美姿美容 黃靜香編著 180元
22. 高雅女性裝扮學 陳珮玲譯 180元
23. 蠶糞肌膚美顏法 坂梨秀子著 160元
24. 認識妳的身體 李玉瓊譯 160元
25. 產後恢復苗條體態 居理安・芙萊喬著 200元
26. 正確護髮美容法 山崎伊久江著 180元
27. 安琪拉美姿養生學 安琪拉蘭斯博瑞著 180元
28. 女體性醫學剖析 增田豐著 220元
29. 懷孕與生產剖析 岡部綾子著 180元
30. 斷奶後的健康育兒 東城百合子著 220元
31. 引出孩子幹勁的責罵藝術 多湖輝著 170元
32. 培養孩子獨立的藝術 多湖輝著 170元
33. 子宮肌瘤與卵巢囊腫 陳秀琳編著 180元
34. 下半身減肥法 納他夏・史達賓著 180元
35. 女性自然美容法 吳雅菁編著 180元
36. 再也不發胖 池園悅太郎著 170元

37. 生男生女控制術　中垣勝裕著　220 元
38. 使妳的肌膚更亮麗　楊　皓編著　170 元
39. 臉部輪廓變美　芝崎義夫著　180 元
40. 斑點、皺紋自己治療　高須克彌著　180 元
41. 面皰自己治療　伊藤雄康著　180 元
42. 隨心所欲瘦身冥想法　原久子著　180 元
43. 胎兒革命　鈴木丈織著　180 元
44. NS 磁氣平衡法塑造窈窕奇蹟　古屋和江著　180 元
45. 享瘦從腳開始　山田陽子著　180 元
46. 小改變瘦 4 公斤　宮本裕子著　180 元
47. 軟管減肥瘦身　高橋輝男著　180 元
48. 海藻精神秘美容法　劉名揚編著　180 元
49. 肌膚保養與脫毛　鈴木真理著　180 元
50. 10 天減肥 3 公斤　彤雲編輯組　180 元
51. 穿出自己的品味　西村玲子著　280 元

·青春天地· 電腦編號 17

1. A 血型與星座　柯素娥編譯　160 元
2. B 血型與星座　柯素娥編譯　160 元
3. O 血型與星座　柯素娥編譯　160 元
4. AB 血型與星座　柯素娥編譯　120 元
5. 青春期性教室　呂貴嵐編譯　130 元
6. 事半功倍讀書法　王毅希編譯　150 元
7. 難解數學破題　宋釗宜編譯　130 元
9. 小論文寫作秘訣　林顯茂編譯　120 元
11. 中學生野外遊戲　熊谷康編著　120 元
12. 恐怖極短篇　柯素娥編譯　130 元
13. 恐怖夜話　小毛驢編譯　130 元
14. 恐怖幽默短篇　小毛驢編譯　120 元
15. 黑色幽默短篇　小毛驢編譯　120 元
16. 靈異怪談　小毛驢編譯　130 元
17. 錯覺遊戲　小毛驢編著　130 元
18. 整人遊戲　小毛驢編著　150 元
19. 有趣的超常識　柯素娥編譯　130 元
20. 哦！原來如此　林慶旺編譯　130 元
21. 趣味競賽 100 種　劉名揚編譯　120 元
22. 數學謎題入門　宋釗宜編譯　150 元
23. 數學謎題解析　宋釗宜編譯　150 元
24. 透視男女心理　林慶旺編譯　120 元
25. 少女情懷的自白　李桂蘭編譯　120 元
26. 由兄弟姊妹看命運　李玉瓊編譯　130 元
27. 趣味的科學魔術　林慶旺編譯　150 元
28. 趣味的心理實驗室　李燕玲編譯　150 元

29. 愛與性心理測驗　小毛驢編譯　130元
30. 刑案推理解謎　小毛驢編譯　130元
31. 偵探常識推理　小毛驢編譯　130元
32. 偵探常識解謎　小毛驢編譯　130元
33. 偵探推理遊戲　小毛驢編譯　130元
34. 趣味的超魔術　廖玉山編著　150元
35. 趣味的珍奇發明　柯素娥編著　150元
36. 登山用具與技巧　陳瑞菊編著　150元
37. 性的漫談　蘇燕謀編著　180元
38. 無的漫談　蘇燕謀編著　180元
39. 黑色漫談　蘇燕謀編著　180元
40. 白色漫談　蘇燕謀編著　180元

・健康天地・電腦編號 18

1. 壓力的預防與治療　柯素娥編譯　130元
2. 超科學氣的魔力　柯素娥編譯　130元
3. 尿療法治病的神奇　中尾良一著　130元
4. 鐵證如山的尿療法奇蹟　廖玉山譯　120元
5. 一日斷食健康法　葉慈容編譯　150元
6. 胃部強健法　陳炳崑譯　120元
7. 癌症早期檢查法　廖松濤譯　160元
8. 老人痴呆症防止法　柯素娥編譯　130元
9. 松葉汁健康飲料　陳麗芬編譯　130元
10. 揉肚臍健康法　永井秋夫著　150元
11. 過勞死、猝死的預防　卓秀貞編譯　130元
12. 高血壓治療與飲食　藤山順豐著　150元
13. 老人看護指南　柯素娥編譯　150元
14. 美容外科淺談　楊啟宏著　150元
15. 美容外科新境界　楊啟宏著　150元
16. 鹽是天然的醫生　西英司郎著　140元
17. 年輕十歲不是夢　梁瑞麟譯　200元
18. 茶料理治百病　桑野和民著　180元
19. 綠茶治病寶典　桑野和民著　150元
20. 杜仲茶養顏減肥法　西田博著　150元
21. 蜂膠驚人療效　瀨長良三郎著　180元
22. 蜂膠治百病　瀨長良三郎著　180元
23. 醫藥與生活(一)　鄭炳全著　180元
24. 鈣長生寶典　落合敏著　180元
25. 大蒜長生寶典　木下繁太郎著　160元
26. 居家自我健康檢查　石川恭三著　160元
27. 永恆的健康人生　李秀鈴譯　200元
28. 大豆卵磷脂長生寶典　劉雪卿譯　150元
29. 芳香療法　梁艾琳譯　160元

30. 醋長生寶典　柯素娥譯　180 元
31. 從星座透視健康　席拉・吉蒂斯著　180 元
32. 愉悅自在保健學　野本二士夫著　160 元
33. 裸睡健康法　丸山淳士等著　160 元
34. 糖尿病預防與治療　藤田順豐著　180 元
35. 維他命長生寶典　菅原明子著　180 元
36. 維他命 C 新效果　鐘文訓編　150 元
37. 手、腳病理按摩　堤芳朗著　160 元
38. AIDS 瞭解與預防　彼得塔歇爾著　180 元
39. 甲殼質殼聚糖健康法　沈永嘉譯　160 元
40. 神經痛預防與治療　木下真男著　160 元
41. 室內身體鍛鍊法　陳炳崑編著　160 元
42. 吃出健康藥膳　劉大器編著　180 元
43. 自我指壓術　蘇燕謀編著　160 元
44. 紅蘿蔔汁斷食療法　李玉瓊編著　150 元
45. 洗心術健康秘法　竺翠萍編譯　170 元
46. 枇杷葉健康療法　柯素娥編譯　180 元
47. 抗衰血癒　楊啟宏著　180 元
48. 與癌搏鬥記　逸見政孝著　180 元
49. 冬蟲夏草長生寶典　高橋義博著　170 元
50. 痔瘡・大腸疾病先端療法　宮島伸宜著　180 元
51. 膠布治癒頑固慢性病　加瀨建造著　180 元
52. 芝麻神奇健康法　小林貞作著　170 元
53. 香煙能防止癡呆？　高田明和著　180 元
54. 穀菜食治癌療法　佐藤成志著　180 元
55. 貼藥健康法　松原英多著　180 元
56. 克服癌症調和道呼吸法　帶津良一著　180 元
57. B 型肝炎預防與治療　野村喜重郎著　180 元
58. 青春永駐養生導引術　早島正雄著　180 元
59. 改變呼吸法創造健康　原久子著　180 元
60. 荷爾蒙平衡養生秘訣　出村博著　180 元
61. 水美肌健康法　井戶勝富著　170 元
62. 認識食物掌握健康　廖梅珠編著　170 元
63. 痛風劇痛消除法　鈴木吉彥著　180 元
64. 酸莖菌驚人療效　上田明彥著　180 元
65. 大豆卵磷脂治現代病　神津健一著　200 元
66. 時辰療法—危險時刻凌晨 4 時　呂建強等著　180 元
67. 自然治癒力提升法　帶津良一著　180 元
68. 巧妙的氣保健法　藤平墨子著　180 元
69. 治癒 C 型肝炎　熊田博光著　180 元
70. 肝臟病預防與治療　劉名揚編著　180 元
71. 腰痛平衡療法　荒井政信著　180 元
72. 根治多汗症、狐臭　稻葉益巳著　220 元
73. 40 歲以後的骨質疏鬆症　沈永嘉譯　180 元

74. 認識中藥　松下一成著　180 元
75. 認識氣的科學　佐佐木茂美著　180 元
76. 我戰勝了癌症　安田伸著　180 元
77. 斑點是身心的危險信號　中野進著　180 元
78. 艾波拉病毒大震撼　玉川重德著　180 元
79. 重新還我黑髮　桑名隆一郎著　180 元
80. 身體節律與健康　林博史著　180 元
81. 生薑治萬病　石原結實著　180 元
82. 靈芝治百病　陳瑞東著　180 元
83. 木炭驚人的威力　大槻彰著　200 元
84. 認識活性氧　井土貴司著　180 元
85. 深海鮫治百病　廖玉山編著　180 元
86. 神奇的蜂王乳　井上丹治著　180 元
87. 卡拉 OK 健腦法　東潔著　180 元
88. 卡拉 OK 健康法　福田伴男著　180 元
89. 醫藥與生活(二)　鄭炳全著　200 元
90. 洋蔥治百病　宮尾興平著　180 元
91. 年輕 10 歲快步健康法　石塚忠雄著　180 元
92. 石榴的驚人神效　岡本順子著　180 元
93. 飲料健康法　白鳥早奈英著　180 元
94. 健康棒體操　劉名揚編譯　180 元
95. 催眠健康法　蕭京凌編著　180 元

・實用女性學講座・電腦編號 19

1. 解讀女性內心世界　島田一男著　150 元
2. 塑造成熟的女性　島田一男著　150 元
3. 女性整體裝扮學　黃靜香編著　180 元
4. 女性應對禮儀　黃靜香編著　180 元
5. 女性婚前必修　小野十傳著　200 元
6. 徹底瞭解女人　田口二州著　180 元
7. 拆穿女性謊言 88 招　島田一男著　200 元
8. 解讀女人心　島田一男著　200 元
9. 俘獲女性絕招　志賀貢著　200 元
10. 愛情的壓力解套　中村理英子著　200 元
11. 妳是人見人愛的女孩　廖松濤編著　200 元

・校園系列・電腦編號 20

1. 讀書集中術　多湖輝著　150 元
2. 應考的訣竅　多湖輝著　150 元
3. 輕鬆讀書贏得聯考　多湖輝著　150 元
4. 讀書記憶秘訣　多湖輝著　150 元

5. 視力恢復！超速讀術　江錦雲譯　180元
6. 讀書 36 計　黃柏松編著　180元
7. 驚人的速讀術　鐘文訓編著　170元
8. 學生課業輔導良方　多湖輝著　180元
9. 超速讀超記憶法　廖松濤編著　180元
10. 速算解題技巧　宋釗宜編著　200元
11. 看圖學英文　陳炳崑編著　200元
12. 讓孩子最喜歡數學　沈永嘉譯　180元
13. 催眠記憶術　林碧清譯　180元

・實用心理學講座・電腦編號 21

1. 拆穿欺騙伎倆　多湖輝著　140元
2. 創造好構想　多湖輝著　140元
3. 面對面心理術　多湖輝著　160元
4. 偽裝心理術　多湖輝著　140元
5. 透視人性弱點　多湖輝著　140元
6. 自我表現術　多湖輝著　180元
7. 不可思議的人性心理　多湖輝著　180元
8. 催眠術入門　多湖輝著　150元
9. 責罵部屬的藝術　多湖輝著　150元
10. 精神力　多湖輝著　150元
11. 厚黑說服術　多湖輝著　150元
12. 集中力　多湖輝著　150元
13. 構想力　多湖輝著　150元
14. 深層心理術　多湖輝著　160元
15. 深層語言術　多湖輝著　160元
16. 深層說服術　多湖輝著　180元
17. 掌握潛在心理　多湖輝著　160元
18. 洞悉心理陷阱　多湖輝著　180元
19. 解讀金錢心理　多湖輝著　180元
20. 拆穿語言圈套　多湖輝著　180元
21. 語言的內心玄機　多湖輝著　180元
22. 積極力　多湖輝著　180元

・超現實心理講座・電腦編號 22

1. 超意識覺醒法　詹蔚芬編譯　130元
2. 護摩秘法與人生　劉名揚編譯　130元
3. 秘法！超級仙術入門　陸明譯　150元
4. 給地球人的訊息　柯素娥編著　150元
5. 密教的神通力　劉名揚編著　130元
6. 神秘奇妙的世界　平川陽一著　200元

7. 地球文明的超革命　吳秋嬌譯　200元
8. 力量石的秘密　吳秋嬌譯　180元
9. 超能力的靈異世界　馬小莉譯　200元
10. 逃離地球毀滅的命運　吳秋嬌譯　200元
11. 宇宙與地球終結之謎　南山宏著　200元
12. 驚世奇功揭秘　傅起鳳著　200元
13. 啟發身心潛力心象訓練法　栗田昌裕著　180元
14. 仙道術遁甲法　高藤聰一郎著　220元
15. 神通力的秘密　中岡俊哉著　180元
16. 仙人成仙術　高藤聰一郎著　200元
17. 仙道符咒氣功法　高藤聰一郎著　220元
18. 仙道風水術尋龍法　高藤聰一郎著　200元
19. 仙道奇蹟超幻像　高藤聰一郎著　200元
20. 仙道鍊金術房中法　高藤聰一郎著　200元
21. 奇蹟超醫療治癒難病　深野一幸著　220元
22. 揭開月球的神秘力量　超科學研究會　180元
23. 西藏密教奧義　高藤聰一郎著　250元
24. 改變你的夢術入門　高藤聰一郎著　250元

·養 生 保 健· 電腦編號 23

1. 醫療養生氣功　黃孝寬著　250元
2. 中國氣功圖譜　余功保著　230元
3. 少林醫療氣功精粹　井玉蘭著　250元
4. 龍形實用氣功　吳大才等著　220元
5. 魚戲增視強身氣功　宮　嬰著　220元
6. 嚴新氣功　前新培金著　250元
7. 道家玄牝氣功　張　章著　200元
8. 仙家秘傳袪病功　李遠國著　160元
9. 少林十大健身功　秦慶豐著　180元
10. 中國自控氣功　張明武著　250元
11. 醫療防癌氣功　黃孝寬著　250元
12. 醫療強身氣功　黃孝寬著　250元
13. 醫療點穴氣功　黃孝寬著　250元
14. 中國八卦如意功　趙維漢著　180元
15. 正宗馬禮堂養氣功　馬禮堂著　420元
16. 秘傳道家筋經內丹功　王慶餘著　280元
17. 三元開慧功　辛桂林著　250元
18. 防癌治癌新氣功　郭　林著　180元
19. 禪定與佛家氣功修煉　劉天君著　200元
20. 顛倒之術　梅自強著　360元
21. 簡明氣功辭典　吳家駿編　360元
22. 八卦三合功　張全亮著　230元
23. 朱砂掌健身養生功　楊永著　250元

24. 抗老功　陳九鶴著　230 元
25. 意氣按穴排濁自療法　黃啟運編著　250 元
26. 陳式太極拳養生功　陳正雷著　200 元
27. 健身祛病小功法　王培生著　200 元

・社會人智囊・電腦編號 24

1. 糾紛談判術　清水增三著　160 元
2. 創造關鍵術　淺野八郎著　150 元
3. 觀人術　淺野八郎著　180 元
4. 應急詭辯術　廖英迪編著　160 元
5. 天才家學習術　木原武一著　160 元
6. 貓型狗式鑑人術　淺野八郎著　180 元
7. 逆轉運掌握術　淺野八郎著　180 元
8. 人際圓融術　澀谷昌三著　160 元
9. 解讀人心術　淺野八郎著　180 元
10. 與上司水乳交融術　秋元隆司著　180 元
11. 男女心態定律　小田晉著　180 元
12. 幽默說話術　林振輝編著　200 元
13. 人能信賴幾分　淺野八郎著　180 元
14. 我一定能成功　李玉瓊譯　180 元
15. 獻給青年的嘉言　陳蒼杰譯　180 元
16. 知人、知面、知其心　林振輝編著　180 元
17. 塑造堅強的個性　坂上肇著　180 元
18. 為自己而活　佐藤綾子著　180 元
19. 未來十年與愉快生活有約　船井幸雄著　180 元
20. 超級銷售話術　杜秀卿譯　180 元
21. 感性培育術　黃靜香編著　180 元
22. 公司新鮮人的禮儀規範　蔡媛惠譯　180 元
23. 傑出職員鍛鍊術　佐佐木正著　180 元
24. 面談獲勝戰略　李芳黛譯　180 元
25. 金玉良言撼人心　森純大著　180 元
26. 男女幽默趣典　劉華亭編著　180 元
27. 機智說話術　劉華亭編著　180 元
28. 心理諮商室　柯素娥譯　180 元
29. 如何在公司崢嶸頭角　佐佐木正著　180 元
30. 機智應對術　李玉瓊編著　200 元
31. 克服低潮良方　坂野雄二著　180 元
32. 智慧型說話技巧　沈永嘉編著　180 元
33. 記憶力、集中力增進術　廖松濤編著　180 元
34. 女職員培育術　林慶旺編著　180 元
35. 自我介紹與社交禮儀　柯素娥編著　180 元
36. 積極生活創幸福　田中真澄著　180 元
37. 妙點子超構想　多湖輝著　180 元

38. 說NO的技巧　廖玉山編著　180元
39. 一流說服力　李玉瓊編著　180元
40. 般若心經成功哲學　陳鴻蘭編著　180元
41. 訪問推銷術　黃靜香編著　180元
42. 男性成功秘訣　陳蒼杰編著　180元
43. 笑容、人際智商　宮川澄子著　180元
44. 多湖輝的構想工作室　多湖輝著　200元
45. 名人名語啟示錄　喬家楓著　180元

・精選系列・電腦編號25

1. 毛澤東與鄧小平　渡邊利夫等著　280元
2. 中國大崩裂　江戶介雄著　180元
3. 台灣・亞洲奇蹟　上村幸治著　220元
4. 7-ELEVEN高盈收策略　國友隆一著　180元
5. 台灣獨立（新・中國日本戰爭一）　森詠著　200元
6. 迷失中國的末路　江戶雄介著　220元
7. 2000年5月全世界毀滅　紫藤甲子男著　180元
8. 失去鄧小平的中國　小島朋之著　220元
9. 世界史爭議性異人傳　桐生操著　200元
10. 淨化心靈享人生　松濤弘道著　220元
11. 人生心情診斷　賴藤和寬著　220元
12. 中美大決戰　檜山良昭著　220元
13. 黃昏帝國美國　莊雯琳譯　220元
14. 兩岸衝突（新・中國日本戰爭二）　森詠著　220元
15. 封鎖台灣（新・中國日本戰爭三）　森詠著　220元
16. 中國分裂（新・中國日本戰爭四）　森詠著　220元
17. 由女變男的我　虎井正衛著　200元
18. 佛學的安心立命　松濤弘道著　220元
19. 世界喪禮大觀　松濤弘道著　280元

・運動遊戲・電腦編號26

1. 雙人運動　李玉瓊譯　160元
2. 愉快的跳繩運動　廖玉山譯　180元
3. 運動會項目精選　王佑京譯　150元
4. 肋木運動　廖玉山譯　150元
5. 測力運動　王佑宗譯　150元
6. 游泳入門　唐桂萍編著　200元

・休閒娛樂・電腦編號27

1. 海水魚飼養法　田中智浩著　300元

2. 金魚飼養法 曾雪玫譯 250 元
3. 熱門海水魚 毛利匡明著 480 元
4. 愛犬的教養與訓練 池田好雄著 250 元
5. 狗教養與疾病 杉浦哲著 220 元
6. 小動物養育技巧 三上昇著 300 元
20. 園藝植物管理 船越亮二著 220 元

・銀髮族智慧學・電腦編號 28

1. 銀髮六十樂逍遙 多湖輝著 170 元
2. 人生六十反年輕 多湖輝著 170 元
3. 六十歲的決斷 多湖輝著 170 元
4. 銀髮族健身指南 孫瑞台編著 250 元

・飲 食 保 健・電腦編號 29

1. 自己製作健康茶 大海淳著 220 元
2. 好吃、具藥效茶料理 德永睦子著 220 元
3. 改善慢性病健康藥草茶 吳秋嬌譯 200 元
4. 藥酒與健康果菜汁 成玉編著 250 元
5. 家庭保健養生湯 馬汴梁編著 220 元
6. 降低膽固醇的飲食 早川和志著 200 元
7. 女性癌症的飲食 女子營養大學 280 元
8. 痛風者的飲食 女子營養大學 280 元
9. 貧血者的飲食 女子營養大學 280 元
10. 高脂血症者的飲食 女子營養大學 280 元
11. 男性癌症的飲食 女子營養大學 280 元
12. 過敏者的飲食 女子營養大學 280 元
13. 心臟病的飲食 女子營養大學 280 元
14. 滋陰壯陽的飲食 王增著 220 元

・家庭醫學保健・電腦編號 30

1. 女性醫學大全 雨森良彥著 380 元
2. 初為人父育兒寶典 小瀧周曹著 220 元
3. 性活力強健法 相建華著 220 元
4. 30 歲以上的懷孕與生產 李芳黛編著 220 元
5. 舒適的女性更年期 野末悅子著 200 元
6. 夫妻前戲的技巧 笠井寬司著 200 元
7. 病理足穴按摩 金慧明著 220 元
8. 爸爸的更年期 河野孝旺著 200 元
9. 橡皮帶健康法 山田晶著 180 元
10. 三十三天健美減肥 相建華等著 180 元

11. 男性健美入門	孫玉祿編著	180 元
12. 強化肝臟秘訣	主婦の友社編	200 元
13. 了解藥物副作用	張果馨譯	200 元
14. 女性醫學小百科	松山榮吉著	200 元
15. 左轉健康法	龜田修等著	200 元
16. 實用天然藥物	鄭炳全編著	260 元
17. 神秘無痛平衡療法	林宗駛著	180 元
18. 膝蓋健康法	張果馨譯	180 元
19. 針灸治百病	葛書翰著	250 元
20. 異位性皮膚炎治癒法	吳秋嬌譯	220 元
21. 禿髮白髮預防與治療	陳炳崑編著	180 元
22. 埃及皇宮菜健康法	飯森薰著	200 元
23. 肝臟病安心治療	上野幸久著	220 元
24. 耳穴治百病	陳抗美等著	250 元
25. 高效果指壓法	五十嵐康彥著	200 元
26. 瘦水、胖水	鈴木園子著	200 元
27. 手針新療法	朱振華著	200 元
28. 香港腳預防與治療	劉小惠譯	200 元
29. 智慧飲食吃出健康	柯富陽編著	200 元
30. 牙齒保健法	廖玉山編著	200 元
31. 恢復元氣養生食	張果馨譯	200 元
32. 特效推拿按摩術	李玉田著	200 元
33. 一週一次健康法	若狹真著	200 元
34. 家常科學膳食	大塚滋著	220 元
35. 夫妻們關心的男性不孕	原利夫著	220 元
36. 自我瘦身美容	馬野詠子著	200 元
37. 魔法姿勢益健康	五十嵐康彥著	200 元
38. 眼病錘療法	馬栩周著	200 元
39. 預防骨質疏鬆症	藤田拓男著	200 元
40. 骨質增生效驗方	李吉茂編著	250 元
41. 蕺菜健康法	小林正夫著	200 元
42. 赧於啟齒的男性煩惱	增田豐著	220 元
43. 簡易自我健康檢查	稻葉允著	250 元
44. 實用花草健康法	友田純子著	200 元
45. 神奇的手掌療法	日比野喬著	230 元
46. 家庭式三大穴道療法	刑部忠和著	200 元
47. 子宮癌、卵巢癌	岡島弘幸著	220 元
48. 糖尿病機能性食品	劉雪卿編著	220 元
49. 奇蹟活現經脈美容法	林振輝編譯	200 元
50. Super SEX	秋好憲一著	220 元
51. 了解避孕丸	林玉佩譯	200 元

・超經營新智慧・電腦編號 31

1. 躍動的國家越南	林雅倩譯	250 元
2. 甦醒的小龍菲律賓	林雅倩譯	220 元
3. 中國的危機與商機	中江要介著	250 元
4. 在印度的成功智慧	山內利男著	220 元
5. 7-ELEVEN 大革命	村上豐道著	200 元
6. 業務員成功秘方	呂育清編著	200 元

・心 靈 雅 集・電腦編號 00

1. 禪言佛語看人生	松濤弘道著	180 元
2. 禪密教的奧秘	葉逯謙譯	120 元
3. 觀音大法力	田口日勝著	120 元
4. 觀音法力的大功德	田口日勝著	120 元
5. 達摩禪 106 智慧	劉華亭編譯	220 元
6. 有趣的佛教研究	葉逯謙編譯	170 元
7. 夢的開運法	蕭京凌譯	130 元
8. 禪學智慧	柯素娥編譯	130 元
9. 女性佛教入門	許俐萍譯	110 元
10. 佛像小百科	心靈雅集編譯組	130 元
11. 佛教小百科趣談	心靈雅集編譯組	120 元
12. 佛教小百科漫談	心靈雅集編譯組	150 元
13. 佛教知識小百科	心靈雅集編譯組	150 元
14. 佛學名言智慧	松濤弘道著	220 元
15. 釋迦名言智慧	松濤弘道著	220 元
16. 活人禪	平田精耕著	120 元
17. 坐禪入門	柯素娥編譯	150 元
18. 現代禪悟	柯素娥編譯	130 元
19. 道元禪師語錄	心靈雅集編譯組	130 元
20. 佛學經典指南	心靈雅集編譯組	130 元
21. 何謂「生」阿含經	心靈雅集編譯組	150 元
22. 一切皆空　般若心經	心靈雅集編譯組	180 元
23. 超越迷惘　法句經	心靈雅集編譯組	130 元
24. 開拓宇宙觀　華嚴經	心靈雅集編譯組	180 元
25. 真實之道　法華經	心靈雅集編譯組	130 元
26. 自由自在　涅槃經	心靈雅集編譯組	130 元
27. 沈默的教示　維摩經	心靈雅集編譯組	150 元
28. 開通心眼　佛語佛戒	心靈雅集編譯組	130 元
29. 揭秘寶庫　密教經典	心靈雅集編譯組	180 元
30. 坐禪與養生	廖松濤譯	110 元
31. 釋尊十戒	柯素娥編譯	120 元
32. 佛法與神通	劉欣如編著	120 元

國家圖書館出版品預行編目資料

Super SEX/秋好憲一；莊麗玲譯
——初版，——臺北市，大展，[1998]民87
226面；21公分，——（家庭醫學保健；50）
譯自：Super SEX
ISBN 957-557-880-0（平裝）
1.性知識
429.1 87015168

Super SEX

ISBN 957-557-888-0

原著者/秋好憲一
編譯者/莊麗玲
發行人/蔡森明
出版者/大展出版社有限公司
社址/台北市北投區（石牌）致遠一路2段12巷1號
電話/（02）28236031・28236033
傳真/（02）28272069
郵政劃撥/0166955-1
登記證/局版臺業字第2171號
承印者/國順圖書印刷公司
裝訂/嶸興裝訂有限公司
排版者/弘益電腦排版有限公司
電話/（02）27403609・27112792
初版1刷/1998年（民87年）12月

定價/220元

大展好書　好書大展

大展好書 好書大展